有趣又好读的
心理学

|雷媛媛◎著|

PSYCHOLOGY

应急管理出版社
·北京·

图书在版编目（CIP）数据

有趣又好读的心理学/雷媛媛著 . -- 北京：应急
管理出版社，2020

ISBN 978 - 7 - 5020 - 8273 - 4

Ⅰ.①有… Ⅱ.①雷… Ⅲ.①心理学—通俗读物
Ⅳ.①B84 - 49

中国版本图书馆 CIP 数据核字（2020）第 155567 号

有趣又好读的心理学

著　　者	雷媛媛	
责任编辑	高红勤	
封面设计	久品轩	

出版发行　应急管理出版社（北京市朝阳区芍药居 35 号　100029）
电　　话　010 - 84657898（总编室）　010 - 84657880（读者服务部）
网　　址　www.cciph.com.cn
印　　刷　三河市金泰源印务有限公司
经　　销　全国新华书店

开　　本　710mm×1000mm^1/$_{16}$　印张　14^1/$_2$　字数　172 千字
版　　次　2020 年 9 月第 1 版　2020 年 9 月第 1 次印刷
社内编号　20200717　　　　　定价　45.00 元

前 言
preface

心理学和我们的生活息息相关，当我们面对亲朋、同事等社会关系时，我们的一言一行背后都有一定的心理基础和动机。

生活中很多现象，其内在含义都有别于外在表现。比如，当孩子不听话的时候，可能不是他在坚持自己的想法，而是想通过这种表达，寻求父母的关爱；一段恋情遭到父母反对，我们往往拼死也要和对方在一起，可能不是因为彼此有多相爱，而是逆反心理在作怪；我们当众提出的工作建议被上司全盘否定，可能不是建议不合理，而是我们表达方式的不当，让上司产生了设防心理……了解心理学法则，能让我们透过行为表象看到背后的心理动机，这对我们建立积极健康的人际关系非常有利。

本书围绕多个幽默故事，进行趣味点评和心理学解读。作者通过生动、有趣的叙述，把深奥晦涩的心理学概念融入通俗易懂的解析中，让读者在轻松诙谐的状态下，从认知、情绪、社会、社交、职场、婚姻等几个方面，对心理学知识进行系统了解。

掌握了心理学的基础理论和概念，生活中那些让我们困惑不已的事情，也就都有了合理的解释。比如，孩子做作业时为什么注意力不集中？男人为什么比女人更容易出轨？我们加班加点工作为什么得不到老板的赏识？这些让我们头疼不已的问题，都能在本书中找到理论依据和解决方案。

我们生活在一个高速发展的时代，快节奏的生活，让很多人的内心都出现过伤痕。童年阴影、情感烦恼、职场困惑，来自各方面的压力，常常让我们感觉好像陷入了生活的牢笼。

对于成年人来说，学习心理学，其实是给自己一个成长的机会。心理学法则，能让我们面对各种问题时，不慌张、不迷茫，有条不紊地找到解决问题的最好途径，助我们挣脱生活的牢笼，放飞自我。

从某种意义上说，学习心理学就如掌握一门生活技能，它可以让我们更好地认识自己、了解别人、洞察社会，从而有效地调控自己的情感和行为，更好地与世界相处。

目录
Contents

第三章　社会篇：剖析规律，让你在生活中如鱼得水

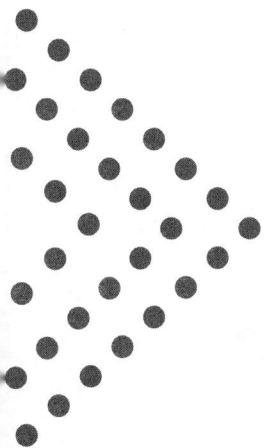

第一章　认知篇

你的认知层次，决定你的人生高度

注意力理论：太太，可以给我一杯水吗？

贝尔坐在课桌前做作业。他刚拿起笔，就冲厨房喊："妈妈，我想去卫生间。"

"去吧，宝贝儿。"正在厨房忙碌的妈妈回答说。

贝尔从卫生间出来，摆弄了一会儿铅笔，又说："妈妈，我铅笔断了，没办法写字。"

妈妈从厨房出来，帮贝尔拿了一支新铅笔。

贝尔写了两个字，又说："妈妈，我看完动画片再做作业好吗？"

"贝尔，认真做作业！你再叫妈妈，我就把你扔出去！"妈妈生气地说。

过了一会儿，贝尔怯怯地说："太太，我渴了，可以给我一杯水吗？"

🎙️ 趣味点评

儿童的大脑发育尚未完善，他们的注意力很容易分散。尤其在枯燥乏味的学习中，儿童更难以集中注意力。贝尔做作业时，他的注意力分散在与作业无关的事情上。在妈妈的警告下，他给妈妈换个称谓，令人会心一笑。

🏛 心理学解读

在心理学上，"注意"是指心理活动或意识活动对一定对象的指向和集中。由于人体感觉器官接受外界刺激的能力有限，人就会选择性地接受外界刺激，使得感觉器官能对这些刺激进行精细的加工，这种意识属性就是我们通常说所的"注意"。

俄国教育家乌申斯基说："注意是我们心灵的唯一门户，意识中的一切，必然都要经过它才能进来。"可见，注意是人们取得劳动成果的必要条件，没有注意的参与，信息的编码、存储和提取都将无法进行。

注意不是一种独立的心理过程，它没有特定的反映内容，而是伴随着各种心理过程始终的一种心理状态。注意，是整个心理活动的引导者和组织者，其具有以下三种主要功能。

第一，选择功能。在每一瞬间，都有无数外界刺激作用于每个人，其中绝大部分的刺激会被我们忽略掉，只有少部分被我们选择并加以注意。

第二，维持功能。注意不仅使心理活动有所选择地指向一定对象，而且使心理活动维持在对该对象的反映上，直至完成活动，达到目的为止。

第三，调节功能。注意可使人的心理活动有选择地集中于某一事物，而且根据需要不断地调节、变化，从而有效地监控自己的动作和行为，以达到预定目的。

保持良好的注意力，是大脑进行感知、记忆、思维等认识活动的基础，良好的注意力能够提高我们的工作与学习效率。那么，我们平时该如何通过训练，提高自己的注意力呢？

1. 设定积极目标

给自己设定一个要提高注意力的训练目标，我们会发现，在很短时间内，集中注意力的能力就会有所提升。比如，我们给自己设定的目标为，在注意力高度集中的情况下，将某个内容记忆下来。当有了这一训练目标时，我们的注意力就会排除干扰，高度集中起来。

2. 避免不良暗示

有的家长总爱当孩子的面说："你怎么做作业时注意力老是不集中，就像凳子上有钉子似的，根本坐不了几分钟……"这其实就是一种不良暗示，会让孩子觉得自己的注意力真的很差。这就要求家长不能传递不良暗示，而学生也要有信心，相信自己可以具备迅速提高集中注意力的能力。

3. 排除外界干扰

训练排除外界干扰的能力，就是不管环境多么嘈杂，当我们要进入阅读和学习目标时，对周围的一切都要置若罔闻。通过这样的训练，可增强抗干扰能力，快速集中注意力。

4. 排除内心干扰

很多时候，我们所处的外界环境很安静，可内心却存在干扰自己的情绪活动，这时，我们要善于排除这种情绪干扰。比如，端正坐姿、放松身体，试着将干扰情绪暂且放一边，注意力就能集中起来。

5. 清理大脑信息

大脑容纳的信息量特别繁杂，当我们要进行某个目标内容学习的时候，可以将各种无关的情绪、思绪和信息暂且整理收纳起来，这样做也会对集中注意力有所帮助。

艾宾浩斯遗忘曲线：你有很严重的健忘症

汤姆来到医院就医，就诊完毕后，他问医生："医生，我身体有什么问题吗？"

医生说："你先把诊疗费给我。"

汤姆担忧地问："我的问题很严重是吗？"

"你有很严重的健忘症。"

"啊？那我该怎么办？"

"你先把诊疗费给我，我再告诉你。"

🎙 趣味点评

汤姆患上了很严重的健忘症，医生担心他会忘记付诊疗费，就赶紧提醒汤姆，让他先付了诊疗费后，再为他治疗。你身边是不是也有像汤姆这样容易健忘的人呢？

🏛 心理学解读

德国心理学家艾宾浩斯对人类的遗忘现象进行了研究，他用无意义的音节作为记忆材料，把实验数据绘制成一条曲线，称为"艾宾浩斯遗忘曲线"。

艾宾浩斯遗忘曲线描述了人类大脑对新事物遗忘的规律：遗忘在学

习之后立即开始，遗忘的速度并不是均匀的，而是在最初一段时间内遗忘速度很快，以后逐渐减缓，到了一定时间，几乎就不再遗忘。

遗忘的进程，除了与时间因素有关，还受其他因素影响，比如，人们对于一些没有重要意义、不感兴趣、不需要、不熟悉的材料，往往遗忘得要快。

记忆和遗忘是一对冤家，学习的内容能回忆起来就是记住了，回忆不起来或者回忆错误，就是遗忘。

在学习过程中，对目标内容达到完全正确地学习后仍然继续学习，叫作"过度学习"。适度的过度学习可以更好地保持对目标内容的记忆，但如果超过这个限度，其记忆保持效果将不再增加。比如，学习六遍后就能正确背诵，再学习三遍效果最好，但是如果再学习三遍以上，则收效甚微。

几乎所有人都有健忘的小毛病：老师讲过的内容很快就忘记了；见到熟人想不起对方名字；随手放的钥匙一转眼就找不到了……我们可以从艾宾浩斯遗忘曲线中掌握遗忘规律并加以利用，通过一些小的训练，减少健忘出现的次数，提升自我记忆能力。

下面是一些改善记忆力的小妙招，坚持训练一段时间后，会明显增强大脑的认知功能，从而有效提升记忆力。

1.给日常用品定位

将钥匙、手机、公文包、钱包、围巾和鞋子等日常用品，放在固位位置，并牢记这些位置。经过一段时间的练习后，要寻找某种物品时，就会联想到某个相对应的存放位置，从而卸载大脑的过重负荷。

2.尝试记住新的人名

结交新朋友后，尝试在心中反复默念其名字持续 1 分钟，让大脑中的海马体与额叶通力合作，将信息转移至长期记忆力的储存空间。

3.保持健身习惯

促进大脑的自我更新，可有效防止记忆力衰退。科学研究发现，健身除能起到锻炼身体、预防疾病的作用外，还有防止记忆力衰退的功效。纽约大学医学院克维特博士认为："我们通常认为人一出生就有大脑，而大脑会随着人们年龄的增长而逐渐衰退直到死亡，现在我们发现很多因素可以促进大脑的自我更新，而锻炼身体就是其中的一个促进因素。"

4.给自己出点难题

某些反常行为对增强记忆力也会有所帮助。比如，上班选择不同的路线、用左手拿筷子、倒着戴手表等反常行为，给自己"找点小麻烦"。通过这样的活动，能增强认知功能，提高记忆力。

5.把需要记忆的内容写下来

"好记性不如烂笔头"，把需要记忆的内容写下来。研究表明，是否把写下来的内容读一遍，或者写了什么内容并不重要，仅仅是写下来这个动作本身，就能帮助人们想起需要记忆的内容。

图式理论：在银行下棋的奥特曼

某女孩在网上征婚，她在条件栏里输入了对未来男友的要求："要帅，要有车。"

电脑经过搜索，给出的结果是："象棋。"

女孩又在条件栏里输入："要有房子，要有很多钱。"

电脑搜索的结果为："银行。"

女孩继续在条件栏里输入："要酷，要有安全感。"

电脑搜索的结果是："奥特曼。"

女孩把以上对未来男友的所有要求同时输在条件栏里，电脑通过搜索给出的结果是："在银行下棋的奥特曼。"

🎙 趣味点评

征婚女孩在电脑里输入自己对未来男友的要求，电脑根据女孩的描述进行搜索，却得出了让人啼笑皆非的结果。在这里，女孩的条件描述就是一种"图式理论"的展现。

🏛 心理学解读

简单来说，"图式理论"就是围绕某一主题，以组织起来的知识的表征和储存方式为基础的理论。

图式就是存在于记忆中的认知结构和知识结构，图式就像自然分类，它们包含某些事物的一些特征和品质，但通常并没有清楚的界定，不是绝对的归类。比如，鱼的种类有很多，但一般都具有生活在水里、有鳞片、有尾巴等特征。当我们看到一条我们不认识的"鱼"时，虽然不知道它的名字，但是基于头脑中一般的图式，就可以判断它是"鱼"而不是别的动物。

图式不仅指对事物的概念性认识，也包括对事物的程序性认识，比如对婚礼形式的认识，对商务谈判形式的认知等。图式以一般期待的形式存在，并通过个体的知觉、记忆和推理过程来预测和控制个人的外部世界。

通常情况下，图式化认知是无意识进行的，它影响人们对信息的加工，影响人们在特定情况下所采取的特定的行为方式。比如一个学过乐理知识的人比其他人会更容易学会一首歌；一个熟悉商务谈判的人与第一次参加谈判的人相比，前者会表现得更适应，并更有能力采取适当的行动。

图式概念，最早出现在康德的哲学著作中。康德认为，人的大脑中存在纯概念的东西，图式是连接概念和感知对象的纽带。在近代心理学研究中，瑞士著名心理学家皮亚杰非常重视图式概念，他认为"图式是指动作的结构或组织"。现代图式理论是在 70 年代中期认知心理学兴起后产生的。

20 世纪 30 年代，英国实验心理学家巴雷特做了一个实验：他先让参与实验者了解一个因纽特人的民间传说。故事的大意是说"在日落的时候，一个即将死亡的人，他的灵魂离开了身体"，然后让参与实验者复述他刚听到的这个故事。

当参与实验者复述这个故事时，并没有按照因纽特人的说法来讲述，而是把相关事实解释为他们能够理解的东西，比如把灵魂解释成一团人形的黑雾等。人们对故事的"改编"，反映了人们的文化图式。

巴雷特认为：图式化是人们认识世界的一种方式。人们在回忆时，图式能够帮助记忆检索，而且图式有多种形式。他认为图式的存在可以解释人们在回忆故事时为什么会改变某些细节。

图式与我们的现实生活息息相关。比如有人认为，一个人之所以风趣幽默，就是因为他善于图式联想。在与人交谈或者看到某些场景时，有意识地留意感兴趣的信息并进行图式联想，然后把想到的图式与当前的话题或情境巧妙"融合"，就会产生幽默风趣的表达效果。

比如，如果有朋友约你一起共度周末，朋友对你说："明天我们钓鱼去吧？通常的回答可能就是"好啊！"或者"不好意思，我明天有别的安排。"可如果我们针对"钓鱼"展开图式联想，可能就会作出幽默回应。我们可以由"钓鱼"联想到"钓美人鱼"的图式，那么就可以这样回应对方："好啊，最好能钓到一条美人鱼。"

懂得根据谈话的角度，展开各种图式联想，是让讲话变得风趣的一种技巧。想要做一个风趣幽默的人，就要有意识地进行图式联想。

人性定理：丘吉尔的演讲和小费

有一天，丘吉尔要赶到议院开会，他叫了辆出租汽车。

出租车到达目的地后，丘吉尔对司机说："我在这里大约要耽搁一个小时，你能等我一下吗?"

司机坚决地拒绝了丘吉尔："不行，我现在要赶回家去，我要在收音机里听丘吉尔的演说。"

听了司机的话，丘吉尔非常高兴，他付了车费后，又给了司机一笔可观的小费。

司机拿着这笔意外的收入，立即改变了主意。他对丘吉尔说："我想我还是在这里等着送你回去吧，管他什么丘吉尔!"

🎙 趣味点评

司机不知道他车上的客人就是丘吉尔，他本来要回家在收音机里收听丘吉尔的演讲，在得到可观的小费后，他立即改变了主意。司机的行为体现了"人性定理"——每个人都具有谋取自身利益最大化的本能。

🏛 心理学解读

所谓"人性定理"可以概括为：一个健康的人的任何行为，都具有服务于他自己的目的。通常情况下，人们都具备谋取自身利益最大化的本能，即使在亲子关系中，从某种意义上说，彼此也是以服务于自身利益为目的的。

比如，有个身高一米八的帅小伙儿，要和一个相貌普通、身材肥胖的女孩结婚。小伙儿母亲坚决不同意儿子的婚事。她对儿子说："女孩儿太胖了，你跟她走在一起，别人会嘲笑你的，将来你们生的孩子，也长得不好看……妈吃过的盐比你吃过的饭还多，妈都是为你好！"

儿子说："可我很爱她，你说的那些我不在意啊！"母亲哭哭啼啼还是不同意儿子娶他喜欢的女孩。儿子有些生气地说："你口口声声说为了我，其实是为了你自己！"母亲暗自一惊，她这才认真考虑自己从心底里拒绝接纳女孩的原因。她其实是担心在婚礼上，亲戚朋友会嘲笑自己的儿媳妇不够漂亮，担心孙子或孙女将来会遗传儿媳妇的不良基因，影响后代的颜值和身材。显然，母亲这种自私的想法，忽略了儿子的感受。

都说母爱无私，可在亲子关系中，母亲的行为也都有着服务自己利益的目的，更不用说兄弟关系、姐妹关系、朋友关系等其他社会关系了。

人性定理的内涵，主要体现在以下几个方面。

1. 自我意识

人都有自我意识，知道自我是不同于他人、他物的独立存在，并能准确地感知自我与非我的边界。

2. 自我决策

人都具有行为选择自由，没有什么外在力量可以无条件地决定主体"我"只能是什么，而不能是什么。"我"是什么，是"我"自我决定和自我选择的结果。

3. 自我肯定

人活动的目的是寻求自我肯定，无论多么高尚的人都不例外。这种自我肯定表现为：任何一个健康的人，他的任何一个行为，都只是服务于他自己特定的目的。自我肯定的内容包括生存需求的满足、自我价值的实现和自我价值判断的实现。

4. 自我中心

人都以自我为中心，并把万事万物视为与主体"我"对立的客体。客体的意义和价值都是由主体"我"赋予的，是能够被用作主体"我"自我肯定的工具。

5. 欲望无限

人在确知生存需求的欲望不可能获得永恒满足时，就会开始转向自我价值实现、自我价值判断实现的追求。通过这两种欲望的满足，来获得生存的意义和价值，而且人往往会通过精神生命的获得，来延长有限的肉体生命。

由于自我价值实现、自我价值判断实现这两种欲望，不会像吃饭时会有饱腹的感觉，所以人们总处在欲望不能满足的状态。

6. 自我异化

人作为一种动物会向往安逸，在没有外部环境压力作用时，会沉醉于动物本能满足的肌肤之利，从而迷失自我，使对自我肯定的寻求异化为一种自我否定。每个人都是个矛盾综合体，既伟大又渺小，既高尚又卑劣，既真诚又虚伪。但并不是说，人性是如此矛盾而不可协调，而是说人面对不同的环境会做出不同的选择。但有一点是确定不变的，那就是，任何一个健康人的任何一个行为，都只是服务于他自己特定的目的，即自我肯定。

自我参照效应：总统捏了美女的腿

美国第七任总统安德鲁·杰克逊，在妻子去世后，很担心自己的健康状况。杰克逊有好几位家人都死于瘫痪性中风，他认定自己也会死于这种病症，因此一直活在极度恐慌中。

有一天，杰克逊在朋友家与一个姑娘下棋。突然，他的手垂了下来，脸色苍白、虚弱无力地说："它还是来了，我得了中风，我的左腿瘫痪了。"

与杰克逊下棋的姑娘问他："你有什么不舒服的感觉吗？你怎么知道自己得了中风？"杰克逊回答说："我刚才在我的左腿上捏了几次，但是一点儿感觉也没有。"

姑娘表情惊讶地说："但是，先生，你刚才捏的是我的腿呀！"

🎙 趣味点评

安德鲁·杰克逊的好几位家人都因为瘫痪性中风去世了，受到"自我参照效应"的影响，他固执地认为自己也会患上这种病。可见，当人们接触到与自己有关的信息或者事情时，就不可能忽视或者遗忘。

🏛 心理学解读

"自我参照效应"，即"记忆的自我参照效应"，就是指我们在接触新事物时，如果它与我们自身有密切关系的话，学习就有动力，而且不容易忘记。也就是说，跟我们自己有关的事情或信息，最不容易被我们忽略或忘记。

比如，你感冒了，你就留意到坐在对面的同事一上午打了五个喷嚏；你刚买了一件新衣服，然后觉得老公的外套也有些旧了，他也需要一件新外套；你换了一个手机铃声，之后你发现公交车上，好几个乘客的手机铃声和你新换的手机铃声一样……其实，这就是"自我参照效应"在发挥作用，人们会更关注与自己有关的事物。

先后有多位心理学家，通过不同的实验证实了自我参照效应的存在。对于这种效应产生的原因，主要有以下三种说法。

第一，精细加工说。"精细加工"，是指对单个词的项目特异性加工，这种加工是在该词与记忆中早已存在的信息或结构之间建立的多重联系。比如"护士"这个词语可以联系到"护士穿着白大褂"等。按照精细加工说的观点，自我参照之所以能提高记忆，是因为在记忆过程中，这些事物在头脑中被进行了精细加工，与头脑中已有知识结构建立了更多联系，使得回忆时的提示线索更多，回忆效果更好。

第二，组织加工说。"组织加工"，是指根据一定的语义标准，对一系列单词之间的关系进行编码加工。也就是说，把许多相互之间有关联的词语"捆绑"起来，包括词与词之间的直接联系，以及同属一个范畴的词之间的间接联系。比如"歌手"和"唱歌"之间既有直接的联系，也因为"演唱会"这一范畴而产生间接联系。有研究者认为，自我参照之所以能提高记忆机制，就在于自我知识是头脑中存在的一种结构良好的组织体系，它对与自己相关的事物有着更好的固着作用。

第三，双过程说。所谓的"双过程"，就是说自我参照效应能提高记忆的机制，在于精细加工因素与组织作用的同时参与。

在我们的工作生活中，"自我参照效应"被广泛地应用于以下几方面。

1. 提高记忆力

学习时，只要将需要记忆的材料通过联想，与自己的经历、感觉、过往的记忆相联系，就能取得良好的记忆效果。比如你需要记住"face"这个单词，这个单词的中文意思是"脸"，如果联想到自己脸上有雀斑，那对这个单词的记忆就会特别深刻。

2. 日常沟通

人们往往会对与自己有关的事物感兴趣而且记忆深刻，只要投其所好，聊天气氛就会轻松许多。比如在相亲过程中，男孩子觉得相亲的对象很不错，如果想博得对方的好感，聊天时，他就要找对方感兴趣的话题。什么是对方感兴趣的话题呢？就是与对方有关的话题。比如对方说自己喜欢旅游，那就可以问对方都去过哪些地方，出门旅游喜欢哪种交通工具等。

3. 商业营销

比如文案人员在策划广告的时候，会挖空心思地建立商品和读者的关联，如果读者购买了该商品，他就会获得怎样的好处；而自媒体人员则在标题上尽量与读者建立联系，用标题展现文章内容和读者密切相关，读者如果不看就好像吃亏似的，而那些有深度的文章，由于标题所涵盖的信息与目标读者没什么关联度，阅读量自然也就很难上去。

"和自己有关"的方法论只是个大方向，而具体的应用，则需要每个人反复实践。一旦掌握了具体的实操方法，它将会成为你学习和社交的秘密武器。

奇异的既视感：你的模样很像我前任丈夫

酒会上，一个妖艳的少妇一直盯着身边的一位绅士看。

绅士被盯得有些不好意思了，走过来和少妇打招呼："您好，女士，我们是不是在哪里见过？"

"我们从来没见过。"少妇回答说，"可是你和我前任丈夫长得有些像！"

绅士有些尴尬地问道："女士……你结过两次婚？"

少妇摇了摇头说："没有，我只结过一次婚。"

🎙 趣味点评

如果感觉眼前的某个人、某个场景、某个事件，好像经历过或者似曾相识，除了你可能真的有过此经历，还有一种可能是因为你产生了神奇的"既视感"。

🏛 心理学解读

"既视现象"又称"既视感"，指对没有经历过的事情或场景有似曾相识的感觉，也叫"海马效应"。

现实生活中，既视感通常有三种具体表现：某种场景在何时何地好像经历过；某种感觉在何时何地好像有过；某个陌生的地方好像在何时何地去过。根据问卷调查显示：三分之二的成年人都有过"似曾相识"的经历。相对来说，想象力丰富的人、见多识广的人、受过高等教育的人，会比其他人更多地经历这种感受。

首先可以肯定的是，既视感不是灵异事件，它是真实存在、有科学解释的现象。作为一种幻觉记忆，它是大脑曾经通过想象力浮现过类似的场景。简单说，既视感来源于大脑联想的某个画面。

心理学家指出：产生这种"似曾相识"感觉的原因，大致可以归纳为以下几点。

1. 忽略信息来源

人们的大脑接收到太多信息时，会忽略很多信息的来源。熟悉感来源于各种信息渠道，有些是真实的，有些却是虚幻的。比如，你在小说中读到某种场景，当你遇到相似的场景时，你忘记了这种熟悉感来源于小说，于是就会把它当作一种幻觉记忆；再比如，你可能在梦里看到了将要发生的场景，只是记不清梦境了，就会感觉现实生活中的某个类似场景"似曾相识"。

2. 控制神经传送速度快于反应速度

由于大脑的控制神经传送速度比大脑反应速度要快，因此，当看到某个场景时，人的控制神经就会以极快的速度传送给记忆神经，这时，大脑的反应却还没有传达到记忆神经。因此，当大脑的反应传到记忆神经时，就会让人感觉这种场景以前出现过。

3. 大脑皮层瞬时放电

大脑皮层存在瞬时放电现象，也可称为视觉记忆。人类大脑有一个记忆缓存区，当你看到某个场景时，会先把记忆存储在缓存区。当记忆存储出错，把它存在了历史记忆中时，你就觉得眼前的场景好像以前看到过，特别是在大脑疲劳时，比较容易产生这样的错觉。

　　弗洛伊德认为，既视感与被压抑的欲望有着紧密的联系。精神分析学家德阿莫林也认为，既视感往往是一种不愉快和被压抑的感觉，被我们的意识扔在一旁不管不顾。

　　当前社会，生活节奏快、生活压力大，人们可能更容易发生既视感现象。明白了既视感的具体表现和形成原因，就会用平常心对待这种看起来很奇异的现象，避免产生困惑感和焦虑感。

睡眠者效应：我忘记你是否答应了

一个年轻男子给她心仪的姑娘打电话："亲爱的，请原谅我再次打扰你，我的记忆力太不好了，昨天我约你今天和我一起共进晚餐，我现在竟然想不起来你当时说的是'行'还是'不行'？"

姑娘回答说："亲爱的，很高兴接到你的电话，我记得我昨天说了'不行'，可是我实在想不起来是对谁说的了！"

🎙 趣味点评

在接受信息时，人们更容易记住信息而忽略信息源。男子试图通过遗忘的谎言，让他心仪的姑娘回心转意，姑娘的回答则是在尽量不伤害男子自尊的情况下，又一次拒绝了他。

🏛 心理学解读

"睡眠者效应"，是指由于时间间隔，人们往往只保留了对传播内容的模糊记忆，而容易忘记传播的来源。在态度心理学中，人们把说话者因威信因素产生的影响随着时间的流逝而产生相反效应的现象，称之为"睡眠者效应"。

一些社会心理学者，对睡眠者效应这种有趣而反常的现象产生了极大兴趣，他们对其产生的原因做了以下解释。

1. 忘记人比忘记事要快

凯尔曼和霍夫兰认为，人们忘记信息传达者的名字，比忘记信息的内容要更快一些。这可能是因为人名是一个抽象的概念，记忆起来比较困难，而事件往往是比较形象的，相较于抽象概念，人们更容易记住形象具体的信息。

2. 信息威信效应中断

由于信息传达具有一定的威信，这种威信就会对信息接受者产生认知偏差——信息接受者对威信高的信息传达会采取全盘接受甚至扩大信息的做法；信息接受者对威信低的信息传达，则会采取全盘否定甚至歪曲信息的做法。所以，信息传播者所具有的威信程度不同，信息接受者对之产生的记忆效果就会不同。但经过一段时间后，这种威信效应便不再存在，睡眠者效应就会显现出来。由此可见，睡眠者效应与信息传播者的威信效应中断，有着密切的关系。

3. 意义障碍

信息接受者在接受信息的过程中，会产生"意义障碍"。所谓的意义障碍，是指在接受信息时，由于某些心理原因而产生的心理障碍。意义障碍主要分为两大类：信息认知障碍与情感障碍。信息接受者产生意义障碍时，会妨碍他理解、接受信息。这种意义障碍的产生，主要是由于信息接受者对信息发送者的情感冲突引起的。当信息传达者和信息接受者面对面时，意义障碍最为明显。随着时间推移，意义障碍就会消失，睡眠者效应也就产生了。

我们平时所说的"对事不对人"，其实就是一种睡眠者效应。在某人宣扬某事时，如果此人具有极高的威信度，那么这件事情得到人们认可的几率就很高。反之，如果宣导者只是个普通人甚至是个负面人物，那么事情就很难得到认可。但是，经过一段时间后，人们就会进入睡眠者效应时期，对宣导者的认知程度变弱，对事件的认可度就会更加客观公正。

　　很多企业做宣传时，也会用到睡眠者效应。比如企业要宣传某个产品，喜欢请知名度很高的明星做广告。但是随着宣传后的时间越长，人们对广告的代言人就会渐渐模糊起来，对于企业产品的印象却越来越深刻。

蔡格尼克效应：总统夫人的初恋情人

高速公路上，福特夫妇的汽车抛了锚。附近加油站的工人蜂拥而上，都想目睹一下总统和总统夫人的风采。

总统夫人在人群中看到一个似曾熟悉的身影，她悄悄对福特说："瞧，那个身材魁伟的工人，是我的初恋情人……"

福特见夫人对初恋念念不忘的样子，心里颇感不快，酸溜溜地说："幸好你没嫁给他，否则你就成不了总统夫人了！"

总统夫人不假思索地回答："不，要是我当年嫁给他，现在他就是总统了。"

🎙️ 趣味点评

时隔多年，总统夫人依然能一眼认出初恋情人，这足以说明她对初恋情人印象深刻。初恋往往是一件"未能完成的""不成功的"事件，初恋之所以让人刻骨铭心，正是源于初恋并未修成正果。

🏛️ 心理学解读

"蔡格尼克效应"又称为"蔡加尼克效应"，这是一种记忆效应，指人们对于尚未处理完的事情，比已处理完成的事情印象更加深刻。

这个现象是由蔡格尼克通过实验得出的结论。蔡格尼克做了一个实验：她让实验参与者做 22 件简单的工作，比如抄写一首诗、从 55 倒数到 17，把不同的珠子按照一定模式穿起来等。实验参与者完成每件工作所需要的时间大概都是几分钟。这 22 件工作中有 11 件工作是彻底完成的，另外 11 件工作则在完成过程中被阻止，而允许做完和不允许做完的工作所出现的顺序是随机排列的。

实验完成后，在实验参与者毫无准备的情况下，让他立刻回忆做的 22 件工作都是什么。实验参与者回忆的结果显示，未完成的工作平均可回忆起 68%，而已完成的工作只能回忆起 43%。

对于蔡格尼克效应产生的原因，心理学家认为，很多人都有与生俱来的完成欲，在事情尚未处理完的时候，潜意识会不断地提醒我们去完成，这种提示逐渐变成一种动机，让整个事情给我们留下非常深刻的印象。当事情处理完成后，潜意识就会告诉我们事情结束了，此时，完成欲的动机得到了满足，驱动力就此消失。从记忆规律角度来说，人的大脑总会将一些需要加工的内容放在已有的记忆中，而对于已经完成或将要完成的内容，大脑则会有意识地遗忘。

对于大部分人来说，蔡格尼克效应是推动我们完成工作的重要驱动力。但是有些人会走向两种极端。

一种极端是过分强迫，面对任务非得一气呵成，甚至偏执地将其他事物置之脑后。这种人为了避免半途而废，很可能不撞南墙不回头，甚至是撞得头破血流也不回头。比如他从事的工作本来就没有发展前途，他完全可以跳槽重新找到更适合自己的平台，却要跟当前的工作死磕，从而失去很多更好的发展机会。

另一种极端则是驱动力过弱，做任何事都拖拖沓沓，时常半途而废。长此以往，这种拖延会蚕食自己的自信心，无法按时完成任务，不断被批评否定，导致他们怀疑自己，认为自己能力不足，结果只能是一事无成。

想让蔡格尼克效应产生积极的影响，我们就必须要掌握做事的节奏——绷得太紧，身心不允许；太过懒散，现实不允许。

所以，在做一件事情时，我们要让自己保持积极状态的同时，也要给自己留出休息调整的时间。否则，因为紧张劳累而倒下，或者因为懒散拖沓而荒废，都将得不偿失。

苏东坡效应：请问你是彼得先生吗

咖啡馆的衣帽间里，一位男士正在穿大衣。另一位与他在同一间衣帽间的男士犹豫了好大一会儿，才小心翼翼地问："请问，你是彼得先生吗?"

男士低头扣着大衣纽扣，说："不，我不是。"

另一位男士轻轻舒了一口气说："哦，那我没弄错，我就是彼得先生! 你穿了我的大衣!"

🎙 趣味点评

"自我"时刻与我们共存，但是彼得却无法意识到"自我"的存在。他看到别人穿了他的大衣后，就怀疑自己不是"彼得先生"了。

🗼 心理学解读

苏东坡有句著名的诗句"不识庐山真面目，只缘身在此山中。"它反映出人们对"自我"，犹如对拿在自己手中的东西，往往难以正确认识。社会心理学家将人们这种难以正确认识"自我"的心理现象，称之为"苏东坡效应"。

二十一世纪初，有个美国牧师在美国巡回演讲。他以"宝石的土地"为题的演讲，使整个美国卷入了一场激情的漩涡。他的演讲内容是这样的："印度有个农民，为了寻找埋藏宝石的土地，他变卖了家产，开始了跋山涉水的旅行，最终一无所获而且穷困而死。可是后来，有人从他卖出的土地里发现了世界上最珍贵的宝石。"牧师这个真实的故事向人们说明：人们费尽心思寻求的东西，恰恰是自己已经拥有的东西。这也是苏东坡效应所折射出来的哲理。

苏东坡效应的具体形式，主要表现在以下几个方面。

1. 不屑认知型

很多人都认为，没有人比自己更了解自己。其实，对很多人来说，他并不清楚自己的优点和缺点，对自己的身体、思维、承受能力、学习能力、创造能力等方面，也都是一知半解。这些人自以为很了解自己，其实并不能客观地认识自己。

2. 片面认知型

这种人可以分为两大类：一类是高估自己、低估他人的人，这种人自高自大、自以为是，带有极强的优越感；另一类是低估自己的人，这种人容易妄自菲薄、庸碌一生。

3. 随意认知型

有些人认为一切都是命中注定，喜欢顺其自然、随遇而安，不愿意发挥自己的优势和特长，不愿意积极地为自己争取更好的生活状态。

要想得到更好的生存与发展，就要摆脱苏东坡效应对自己的影响，要对自我有一个正确的认识。那么，在日常生活中，我们要具体怎么做呢？

1. 客观地认知自己

要客观地剖析自己，知道自己的优势是什么、不足之处在哪里。身处顺境时，不要高估自己，不要觉得自己高高在上、无所不能，适当放低姿态反而更能赢得别人的尊重；身处逆境时，不要自我否定，认为自己一事无成，要不断鞭策自己，坚信自己终会克服困难，走出人生低谷。

2. 尽快明确方向

客观地认知自己后，要根据自己的特点，为自己制定目标及详细的发展计划。比如，你觉得自己心思细腻、想象力丰富，而且有一定的文字基础，那么，在自媒体遍地开花的时代，就可以考虑在文字方面发展。明确目标后，就要给自己制订具体的发展计划，比如先报个自媒体写作培训班，然后再做自己的公众号等。

3. 认知崭新的自己

这个世界，正在发生日新月异的变化。我们了解过去的自己，并不意味着了解现在的自己。我们要认识崭新的自己，才能适应世界的变化，才能跟得上时代发展的潮流。

鸡尾酒会效应：戴错了结婚戒指

参加酒会之前，皮埃尔和夫人因为琐事吵了一架。

酒会上人声鼎沸、热闹非凡，皮埃尔夫人心情不好，独自坐在偏僻的角落喝闷酒。

几个贵妇人在离皮埃尔夫人很远的地方聊天。其中一个说："我刚才看见皮埃尔夫人，她竟然把结婚戒指戴错了手指……"

这时，皮埃尔夫人放下酒杯，走到几个贵妇人身边说："我戴错结婚戒指，是因为我嫁错了男人！"

顿时，场面变得十分尴尬。这几个贵妇人很是惊讶与不解，她们怎么也没想到，远在一旁的皮埃尔夫人竟然听到了她们的谈话。

🎙️ 趣味点评

几个贵妇人坐在离皮埃尔夫人较远的地方，酒会环境又很嘈杂，她们以为皮埃尔夫人听不到她们的谈话内容。可是皮埃尔夫人听到有人提起她的名字，这是与她有关的特殊刺激，立即引起了她的注意。在嘈杂的环境中，听力自动掩蔽了一些无关的声音刺激，这就是"鸡尾酒会效应"。

🔺 心理学解读

1953 年，一位心理学家提出了著名的"鸡尾酒会效应"。所谓的鸡尾酒会效应，是一种听力选择的能力，因常见于鸡尾酒会上而得名。

鸡尾酒会上，音乐声、谈话声、餐具碰撞声等各种声音混杂，可就在这种嘈杂的环境中，如果有人说到我们的名字或提到我们感兴趣的事情，我们会立即有所反应。鸡尾酒会效应揭示了人类听觉系统中令人惊奇的能力，听觉能掩蔽与我们无关的声音，而选择聆听自己关注的声音。

从听觉角度来说，鸡尾酒会效应其实就是听觉系统的一种适应能力，是大脑对声音进行了某种程度的判断，然后决定听或不听；从声学角度来说，鸡尾酒会效应是指人耳的掩蔽效应。在鸡尾酒会上，尽管周围噪声很大，但谈话的双方似乎听不到谈话内容以外的各种噪声，因为谈话双方已经把各自的关注点放在了谈话内容上。

鸡尾酒会效应在现实生活中的应用，主要体现在以下几个方面。

1. 互联网产品中的应用

2018 年 6 月，谷歌的软件工程师发表了一篇关于音频—视觉语音识别系统的最新研究成果，其中提到的音频—视觉语音分离模型，攻破了原本人类才有的能力——鸡尾酒会效应。

所谓的音频—视觉语音分离模型，其实就是加强选中人的音量，同时减弱同一时间内其他人的音量。作为普通用户，我们只需要选择视频中想要听到的人物脸部就能得到单一音轨。

音频—视觉语音分离模型这项新技术，或助力智能音箱的发展，让智能音箱更准确地听懂用户的指令，给用户带来更好的使用体验，满足我们对 Live 视频的需求。

我们知道，喜欢现场音乐的人，在演出现场与歌星互动是一种很棒的体验，但回看视频时，也许并不想听到粉丝的欢呼声。这项新技术得到普及后，想要去掉粉丝的欢呼声，甚至不要伴奏只想沉迷于歌星的清唱，都将不再是难事。

2. 广告中的应用

广告中的鸡尾酒效应，就是要想方设法让一个广告在众多广告或繁杂的环境中脱颖而出，成功地吸引观众的注意力。

3. 军事上的应用

军事侦察的目的，就是从复杂的电磁环境中发现并跟踪感兴趣的信号。因此，在军事侦察中，也可以利用鸡尾酒会效应实现信息的提取。

周哈里窗：画中的女人太难看了

汤姆和太太一起去看画展，太太视力不好，出门时又忘了戴眼镜。

走进展厅后，太太就在一幅"画"前停了下来，她左右端详了一会儿，忍不住喊起来："天哪，画中的女人又胖又丑，简直太难看了啊！"

汤姆压低声音对太太说："亲爱的，你看到的不是画，是镜子。"

🎙 趣味点评

汤姆太太视力不好，她觉得"画"中的女人很难看，她不知道那个难看的女人，其实就是镜子中的自己。这则故事里的汤姆太太就属于"周哈里窗"模式中的"盲目我"。

🏛 心理学解读

心理学家鲁夫特与英格汉，把一个人的心比喻成由上下左右四部分组成的窗户：左上角为"开放我"，右上角为"盲目我"，左下角为"隐藏我"，右下角为"未知我"。这就是"周哈里窗"模式。

"开放我"也叫作"公共我"，这是自己了解、别人也知道的部分。"开放我"包括一个人的性别、职业、工作单位、居住地点等，这是自我认知的基础部分，是了解自我、评价自我的依据。一个人自我心灵开放的程度，以及他人的关注度、个性张扬力度等因素，决定着"开放我"的大小。

"盲目我"也称"脊背我"，这是自己不知道而别人却知道的部分，属于盲目领域。"盲目我"可以是一些很突出的心理特征，或者是一些不经意的小动作或行为习惯，自己常常觉察不到这些关于自我的信息，但是别人却心知肚明。这些盲点是自己毫不知晓的优点或者缺点，当别人将这些盲目点告诉自己时，自己通常会产生惊讶、怀疑或辩解的情绪反应，尤其当听到的信息和自我认知不相符时，情绪反应会更加明显。

"隐藏我"也称为"隐私我"，这是自己知道而别人不知道的部分，属于逃避或隐藏领域。"隐藏我"其实也就是我们经常说的隐私，就是不愿意让人知道的事实或心理。隐藏的内容具体根据一个人的性格和心理而定，包括身份、疾患、痛苦、愧疚、欲望等。相比较而言，内心强大的人及自卑胆怯的人，"隐藏我"会更多一些，他们不愿意或者不敢把自己完全展示在他人面前。

"未知我"又叫"潜在我"，这是自己和别人都不知道的部分，属于有待挖掘的区域，也就是我们通常说的潜能，通常指经过训练和学习能够获得的知识和技能，或者在特定的机会里展示出来的才干。潜意识力量巨大却又容易被忽视，只有充分探索和开发未知我，才能进一步认识自我并超越自我。

了解周哈里窗模式，能让我们更客观、更准确地认清自己。由于"盲目我"和"未知我"的存在，我们虽然每天都与自己相处，却并不完全了解自己。

认知自己是一个科学的过程，我们可以从以下两方面入手，客观地认知自己。

1. 从自己与他人的关系上

与人交往的过程是获得自我认识的重要来源，从简单的家庭关系到复杂的社会关系，我们可以通过经营这些关系，实现自我认知，了解自己的需求，再根据需求规划未来。

2.从我与事的关系上

我们可以通过自己所做的事，看到自己身上的优点和缺点。假如我们每天都反思自己当天所做的事情，做得好的继续保持，做错的引以为戒，以后避免再发生类似的事情，那么在这种反思过程中，我们对自己也就有了更深入的认知。

感觉剥夺：我选择鲁滨孙

夫妇俩参加一档电视节目，主持人问了他们一个问题："如果你飘落到一个孤岛上，只能选一个人一起生活，你会选谁？"

妻子说："我选择鲁滨孙！"

丈夫有些不高兴："你为什么不选我，而选择鲁滨孙？"

妻子反问道："你会盖房子、生火、做饭、与野兽搏斗吗？"

丈夫想了想说："我也选鲁滨孙！"

趣味点评

一个飘落到孤岛的遇难者在获救后，因为与正常的生活环境隔离太久，身心往往会受到一定程度的伤害。与世隔绝的环境，使遇难者无法获得某种或者某几种刺激，造成"感觉剥夺"。如果遇难者是两个人，彼此能给对方带来一些刺激，情况就要好一些。

心理学解读

所谓的"感觉剥夺"，就是剥夺了人们接受外界环境刺激的权利。在特殊环境下生活的人，比如沙漠远征的人、飘落孤岛的海上遇难者等，最容易发生感觉剥夺现象。

1954 年，加拿大的麦克吉尔大学，心理学家贝克斯顿等做了首例感觉剥夺实验研究。心理学家们以每天 20 美元的报酬，在大学生中招募实验者。在当时，每天 20 美元算是很高的薪酬，很多大学生都踊跃参与。

心理学家们让参与实验的大学生们，待在缺乏刺激的环境中。具体来说，就是在隔音实验室里，被试者戴上特制的半透明塑料眼镜，手上和手臂上都套有纸板做的手套和袖头，静静地躺在舒适的帆布床上。

刚开始，参与实验者觉得可以利用这个机会好好睡一觉，而且还能躺着赚钱，简直太划算了。然而，没过几天，实验参与者就纷纷退出了。

退出的参与者说，他们感到非常难受，注意力无法集中，根本不能进行清晰的思考，思维活动总是跳来跳去。更加可怕的是，50% 的人出现了幻觉，包括视幻觉、听幻觉和触幻觉。

这就是心理学上著名的"感觉剥夺"实验。心理学家们切断了实验参与者各种感官对外界信息的获取途径，让他们处于高度隔绝的状态。实验参与者在被剥夺感觉后，就会感到内心特别痛苦，各种心理功能也受到了不同程度的损伤。

可见，"感觉剥夺"是一种痛苦的心理体验过程。然而，"感觉剥夺"现象被科学家们改良后，却可以作为一种替代疗法减轻人们的压力，有助于人们积极地面对生活。

在捷克贝斯基德康复中心，有一座"黑暗别墅"，很多人慕名而来。顾客在"黑暗别墅"里，将接受为期 7 天的"黑暗疗法"。在这里，顾客将与外部世界彻底隔离，他们在治疗过程中什么也不做，这就是"黑暗疗法"的关键所在。"黑暗疗法"不仅让治疗者变得耳聪目明，而且还能激发治疗者的创造性，对预防像癌症和新陈代谢疾病也有一定的疗效，最重要的是，它能让人们的心灵得到净化和重生。

当然，并不是每个人都适合这种"黑暗疗法"，对一部分来人说，"黑暗疗法"是一场愉悦的思维漫游，而对另一些人来说，它可能是一场彻头彻尾的噩梦。目前，"黑暗疗法"还存在一些争议，从心理学层面上讲，这种疗法可能会产生极好的效果，同时也伴随着极高的风险。所以，顾客在康复中心报名时，要经过康复中心严格的筛查，那些癫痫、幽闭恐惧症以及重度高血压患者往往被拒之门外，以避免出现生命事故。

心理错觉：我还以为我受伤了

警察巡夜时，看到一个醉鬼，走过去对他说："你喝醉了，我送你回家吧？"

醉鬼说："你怎么知道我喝醉了？"

警察说："你浑身酒气不说，连路也不知道怎么走了，你看你，一只脚踩在马路上，一只脚踩在路沿上，一瘸一拐的……"

醉鬼低头仔细看了看自己的脚，长长地舒了一口气："谢天谢地，我还以为我受伤了呢！"

🎙 趣味点评

在醉酒的特殊条件下，醉鬼对"路沿高、马路低"而产生的"走路一脚高一脚低"的现象，产生了错误性的判断，以为是自己的腿受伤了，这就是一种"心理错觉"。

🏛 心理学解读

当我们面对一公斤棉花和一公斤铁时，我们会感觉铁比较沉；当我们坐在飞速前行的火车上时，会觉得窗外的风景都在向后移动……这其实都是一种"心理错觉"。

我们观察物体时，由于物体受到形、光、色的干扰，加上人们的生理、心理原因，会令我们产生与实际不符的视觉误差，这就是错觉。错觉是知觉的一种特殊形式，是人们在特定条件下，对客观事物扭曲的认知。

心理学家经过研究发现，导致人们产生错觉的原因有很多，主要体现在生理和意识两个方面。生理方面主要体现在：感知条件不佳、视觉或知觉功能减退等。意识方面主要体现在：情绪、暗示、想象，以及意识障碍等。

常见的错觉现象，可以分为月亮错觉、似动现象等。

1. 月亮错觉

我们往往会觉得太阳早上看起来比中午的时候大一些，这种现象就是"月亮错觉"。所谓的月亮错觉，就是接近地面平视的圆月和当空的圆月面积相等，但是我们总感觉圆月接近地面时的面积要大一些。

2. 似动现象

"似动现象"属于一种运动错觉，是指在一定的时间和空间条件下，人们感觉静止的物体在运动，或者在没有连续位移的地方，看到了连续的运动。

生活中，巧妙地应用错觉效应，往往会起到事半功倍的效果。如果可以把错觉效应用在商业企业管理中，就能有效降低经营成本。

1. 利用空间错觉

在商店有限的空间中，如何陈列商品，直接关系到商品的销售情况。如果能充分利用镜子、灯光等手段，在商品数量较少的情况下，营造出商品丰富多彩的错觉，就可使空间显得更大，调节消费者和销售人员的情绪，避免因空间狭窄引发压抑情绪从而产生的主顾矛盾。

2. 利用颜色对比错觉

日本三叶咖啡店的老板在无意间发现，不同的颜色会给人带来不同的感觉。他做了一个有趣的实验：他在红色、咖啡色、黄色和青色 4 种颜色的咖啡杯里，放了浓度相同的咖啡，然后邀请 30 多名顾客，每人各喝 4 杯浓度相同的咖啡。这些顾客喝完咖啡后，几乎所有的人都认为使用红色杯子的咖啡调得太浓了。在那以后，三叶咖啡店把所有的咖啡杯都换成了红色，既节约了成本，又提高了顾客对咖啡质量和口感的满意度。

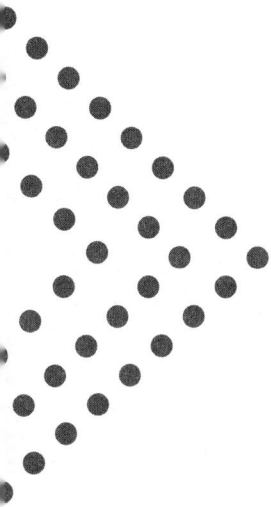

第二章　情绪篇

了解情感变化的奥秘，让人生一路开挂

焦点效应：乘客都会看到你的新外套

周末，莫莉和男朋友逛街。莫莉买了一件非常昂贵的外套，几乎花光了男朋友兜里的钱。她让店员把她的旧外套包起来，自己直接穿着新外套出了门。

走到马路上，莫莉抬手要叫出租车，男朋友却说："我们还是坐公交车吧。"

"你让我穿着这么名贵的外套去挤公交？"莫莉不满地叫起来。

男朋友说："亲爱的，坐出租只有司机能看到你的新外套，如果坐公交车，所有的乘客就都能看到你的新外套了！"

莫莉想了想，也觉得是这么回事，于是开开心心地跟男友挤上了一辆公交车。

🎙 趣味点评

男友想省钱，建议女友坐公交，而莫莉中了男友的圈套却还乐在其中。莫莉认为所有的乘客都会看到她的新外套，其实，她这种以自我为中心的想法，高估了乘客对她关注度，这种表现就是"焦点效应"。

心理学解读

有一个大学生找到心理学家基洛维奇，他对基洛维奇说，好像全世界人的注意力都在他的身上，这让他感觉压力很大。基洛维奇为帮这位大学生排解压力，让大学生配合他做了一个实验：他让大学生穿上一件名牌最新款 T 恤，最后一个走入教室。当大学生走进教室时，他觉得全班同学的目光都聚焦在自己身上，感到非常拘谨和紧张。下课后，基洛维奇针对全班学生做了一个调查，问他们是否注意到一个迟到的学生穿着名牌新款 T 恤走进教室。调查的结果出乎那位大学生的意料，竟然只有 23% 的同学注意到了他。

基洛维奇的实验告诉了人们：人们总认为周围的人都在关注自己，其实并非如此。我们习惯把自己当作焦点，不自觉地放大别人对我们的关注度，通过自我专注，高估自己的受关注程度，这就是心理学中的"焦点效应"。

焦点效应是每个人都有的心理体验。在日常生活中，我们常常会遇到此类现象：在公众场合不小心摔了一跤，会觉得自己当众出了丑，一整天都会懊恼不已、觉得很没面子；聚餐时不慎打翻酒杯，酒水洒在礼服上，觉得所有人都在看自己的笑话，于是分外尴尬、无地自容……我们总觉得自己是人群中的焦点，这样容易让我们高估自己的社交失误和公众心理疏忽的明显度，从而造成社交恐惧。

其实，我们并没有我们自己以为的那么重要。我们当众摔跤或者打翻酒杯时，可能很多人根本没有注意到，即使有人看到了，可由于我们摔倒或者打翻酒杯跟他们毫无关系，他们根本就不会在意，更不用说他们会嘲笑讥讽我们。

泰戈尔说："天使之所以会飞，是因为她们把自己看得轻。我们把自己看得轻一些，就不会为一些小事徒增烦恼，才能更好地享受轻松惬意的生活。"

生活中，我们可以巧妙地利用每个人"想让自己成为焦点"的心理，来拉近交际双方的心理距离，提升我们的交际能力和交际效率。比如我们可以记住老顾客的姓名与信息，让顾客感觉到被关注，满足他的"焦点心理"，我们就可以和顾客建立起比较稳固的关系。

后视偏见：打完雷一定会下雨

苏格拉底的妻子是个悍妇。有一天，苏格拉底和学生正在探讨一个学术问题，他的妻子怒冲冲地走过来，把苏格拉底骂了一顿，嫌弃他不干活。

学生见老师挨骂，识趣地站起来要告辞，苏格拉底摆摆手说："没事儿，我们继续。"

苏格拉底的妻子见苏格拉底并没有按她的吩咐去干活，只见她提来一桶水，"哗啦"一声泼在了苏格拉底身上。

学生惊叫一声站了起来，以为苏格拉底会训斥妻子，没想到苏格拉底却抖了抖湿透的衣服，自嘲地说："我就知道，打完雷一定会下雨！"

🎤 趣味点评

苏格拉底自嘲说妻子骂他是"打雷"，他知道接下来会"下雨"。苏格拉底在妻子用水泼他之前，就已经预测到这件事情要发生。但事实却是，他可能根本没有想到老婆会用水泼他。这种类似"马后炮"的行为，就是"后视偏见"的体现。

🏛 心理学解读

芝加哥大学商学院终身教授奚恺元认为，人们往往觉得自己在事前就可以预测到事情的结果，其实他们未必可以如自己想象的那样准确地做出预测，这就是"后视偏见"，也就是人们常说的"事后诸葛亮"。有些人甚至会因此而扭曲记忆，比如认为事前他确实就是那么预测的。

我们身边总有这样的人，他们往往把自己当成先知，觉得一切都在自己的预测和掌控之中。比如，朋友周末相约聚一下，大家商量了两个方案：去农家乐或者爬山。如果最终确定的方案是爬山，结果在爬山过程中遇到了暴雨，这时，这些"先知"就会跳出来说："看吧，我之前就要说去农家乐，你们却非要来爬山，被淋成落汤鸡了吧！"；而如果大家选择了去农家乐，可农家乐老板却因度假暂时关闭了农家乐，这些"先知"则又会说："瞧瞧，我早说了去爬山，你们非要来农家乐，吃闭门羹了吧！"

有后视偏见的人，在事情发生以后，总觉得这就是自己之前预测的结果。无论产生什么结果，他们都觉得是理所当然的，这样们就很难从失败的结果中，总结出需要修正的问题；有后视偏见的人，总觉得自己完全有能力预测事情的发生，这样他们就很难客观公平地评价他人：出现失败的结果时，他们就会怨怼对方："看看，你不按照我的意见行事，就是这种结果。"出现好的结果时，他们又把功劳都揽在自己身上："我早就说过，这样做没有错。"可想而知，这样的人在人际交往中是不会受欢迎的，长此以往，人际关系肯定会越来越差。

那么，我们该如何避免出现后视偏见这种行为呢？

简单来说，当我们遇到比较重要的事情时，在结果发生之前，我们就把做出的预测写下来，还要写上预测的原因。因为记忆可能会欺骗我们，事后我们可能会无意识地忽略不符合预测结果的部分，只回想起那些与事情结果相符合的证据。而当我们把当时的预测记录下来，在结果发生后，我们就能证实自己的预测到底准不准。

很多时候，我们的第六感确实能带来一些好的结果，但如果把结果全部都归结为我们曾经的预测，那就违背了事物发展的基本规律。

"ABC"理论：这是件值得庆幸的事

美国第 32 任总统富兰克林·罗斯福家里遭了贼，朋友安慰他说："亲爱的总统先生，听说你家被偷了，真是太不幸了。不过，你也别太难过……"

罗斯福却说："谢谢你的安慰，可是我并没有难过，因为我觉得，这是件值得庆幸的事！"

朋友大为不解："我的朋友，你被气糊涂了吗？"

罗斯福哈哈大笑起来："小偷只是偷走了我的部分财产，并没有伤害我的身体，更重要的是，做贼的是他不是我，亲爱的朋友，这不是值得庆幸的事情吗？"

🎙 趣味点评

罗斯福家中遭贼，朋友安慰他，可罗斯福却认为家中被盗是件值得庆幸的事情。这就说明，"家里被盗"这件事情不是引发情绪的直接原因，而对"家里被盗"的认知和评价，才是引发情绪的直接原因，这就是"ABC"理论的核心。

🗼 心理学解读

"ABC"理论是由美国心理学家埃利斯创建的，他认为激发事件 A(activating event 的第一个英文字母）只是引发情绪和行为后果 C(consequence 的第一个英文字母）的间接原因，而引起 C 的直接原因，则是个体对激发事件 A 的认知和评价而产生的信念 B(belief 的第一个英文字母）。

比如，甲和乙是同事，他们在公司门口正好遇到上司从电梯口出来。上司和两人擦肩而过，却并没有和他们打招呼，而是直接走出了电梯。这时候，甲可能认为，上司没有和他打招呼，是因为上司正在琢磨比较重要的事情，或者上司着急赶时间，没顾上和自己打招呼，因此这件事情根本不会对他的情绪产生不良影响；乙心思比较敏感细腻，他可能就会想，上司不跟他打招呼，是不是对他有什么看法或者不满？他甚至会想到公司正在进行的裁员，上司对他的态度不好，是不是打算把他裁掉……这样一来，乙可能一整天都会惴惴不安，甚至会感觉自己要大祸临头。

两个人同时经历同一个事件，却产生了不同的情绪。"遇到领导"是 A，是引发甲乙不同情绪后果 C 的间接原因，引发甲乙不同情绪的直接原因，则是甲乙对"遇到领导"这件事情的认知和评价 B。

从上面的例子可以看出，我们的情绪及行为反应，与我们对事物的看法有直接关系。我们对一类事物的共同看法就是信念，甲"遇到领导"后所产生的情绪，可以称为"合理的信念"，乙所产生的情绪被称为"不合理的信念"。合理的信念会引起人们对事物适当、适度的情绪和行为反应；而不合理的信念，往往会导致不适当的情绪和行为反应。当我们坚持某些不合理的信念，长期处于不良情绪状态时，就会产生情绪障碍。

古罗马哲学家爱比克泰德说："人不是被事情本身所困扰，而是被其对事情的看法所困扰。"这句话很适合来解释"ABC"理论。也就是说，我们的消极情绪和行为障碍结果，不是因为某个激发事件直接引发的，而是我们对这个事件错误的认知和评价所引起的。

我们每天都会遇到很多意想不到的事情，这时要明白，事情的存在和发生都有一定的合理性。我们要做的，就是面对这种突如其来的状况，尽量做出正确的认知和评价，避免让自己陷入纷杂的负面情绪当中无法自拔。

自我暗示：你也是一只蘑菇吗

有个老太太被家人送到了精神病院。她入院后，整天打着雨伞蹲在门口，一动也不动。

医生想了解老太太的想法，也打着雨伞蹲在门口。

好几天过去了，老太太终于跟医生说话了："请问，你也是一只蘑菇吗？"

🎙 趣味点评

患上精神病的老太太，通过主观想象认为自己是一只蘑菇，所以产生了打着伞蹲在门口一动不动的行为后果。老太太把自己"变成"了一只蘑菇，这其实就是一种病态的"自我暗示"所产生的结果。

🏛 心理学解读

在心理学上，"自我暗示"指的是通过主观想象某种特殊的人与事物的存在，进行自我刺激，达到改变行为的目的。

自我暗示是每个人都拥有的法宝，是人的心理活动中意识思想与潜意识的行动之间的沟通媒介。自我暗示是一种启示、提醒和指令，属意志活动范畴，它能支配影响我们的行为，告诉我们应该注意什么、追求什么，以及怎样去行动。

按照心理学和相关学科的分类，自我暗示分为三个层次。

1. 文字语言的自我暗示

比如为了推掉同事聚会，我们对每个同事说"我身体不舒服，不能参加聚会了"，说得多了，我们可能就会真的感觉不舒服，这就是语言的自我暗示作用。

2. 肢体语言的自我暗示

我们不仅可以通过语言进行交流，还可以通过形体动作和表情语言进行交流。肢体语言有强烈的自我暗示作用，比如鼓掌表示欢迎、挥舞拳头表示愤怒、微笑表示好心情等。

3. 环境语言的自我暗示

身处不同的环境，就会产生不同的自我暗示。比如看到大海时，心胸就会变得开阔；爬到山顶极目远眺时，就会感到豪情万丈……环境语言引发的自我暗示是不可抗拒的。不仅在自然环境中是这样，在社会环境中，面对不同的社会文化，我们也会产生不同的自我暗示。

现实生活中，自我暗示所携带的力量，会对我们产生深远影响，我们要学会利用自我暗示，让自己变得更加强大。

那么，我们该如何正确利用自我暗示，塑造强大的自我呢？

1. 要有清晰的目标

心理学家弗洛伊德曾在试验中提出，一个人给予自己的潜意识指令越清晰，它给人的帮助就越多。

自我暗示是一种目标追求机制，给我们的潜意识设定一个清晰的目标，并付诸行动，那么我们的目标就有可能实现。没有目标的自我暗示是无的放矢，清晰的目标才能开发我们的潜能，激发我们找到抵达目标的途径。要想放大自我暗示效果，首先要有想去实现的具体目标，将注意力集中在目标上并为之努力，我们所期待的结果才会有实现的可能性。

2. 要选择积极的思想

在同一时间内，我们的潜意识只能有一种感觉。因此，当我们进行自我暗示时，用一种新的思想反复地灌输给大脑潜意识，原来的思想就会被挤压，就会被新的思想代替。

比如，我们看到令人喜悦的事情时，神经系统就会做出喜悦反应，看到令人烦恼的事情，神经系统就会做出忧虑反应。这意味着，假如我们想让自己变得更好，就必须要给予自己正面积极的暗示。自我暗示语言最好不要带有否定词，比如我们说"我不能失败"，这样的陈述很难完全改变我们潜意识的想法，我们要用肯定的、积极的言辞来代替，比如我们可以坚定地对自己说"我要成功"，这样就能产生比较好的效果。

3. 不断重复自我暗示语言

有一个人因为性格暴躁惹出了不少麻烦，后来他每天都会对自己说几十遍"我要变得随和，我要对人友好"，坚持一段时间后，他暴躁的脾气真的有所改观。有些话我们说一次可能起不到什么作用，但是说一百遍一千遍，甚至重复无数遍以后，可能就会产生掀起巨浪的力量。

酸葡萄效应：他那辆车超级费油

汤米带着女友琳达去郊游，刚到目的地，他的破车就抛锚了。

女友站在路边等汤米修车。这时，一辆豪车在她身边停了下来，一对情侣下了车，彼此挽着胳膊走进了风景区。

"那个姑娘的男朋友，可真有钱！"琳达看着那辆豪车，羡慕地说。

汤米说："那又怎样，他那辆车超级费油不说，要是剐蹭了，得多心疼啊！"

🎤 趣味点评

汤米的车子抛锚时，琳达毫不掩饰地羡慕旁边的女孩，因为女孩的男朋友开着一辆豪车。汤姆没有豪车，他因此而产生了挫败感。为了获得心理上的平衡，汤姆用豪车费油等"理由"进行自我安慰，这就是"酸葡萄效应"在作怪。

🏛 心理学解读

大家都知道伊索寓言中《狐狸与葡萄》的故事，人们把狐狸吃不到葡萄说葡萄酸的心理融入心理学，并称之为"酸葡萄效应"。

当人们真正的需求无法得到满足而产生挫折感时，为解除内心不安，此时人们往往编造一些"理由"自我安慰，以消除紧张，减轻压力，使自己从不满、不安等消极心理状态中解脱出来，保护自己免受伤害。这种"酸葡萄"心理现象，属于心理防御机制里的自我欺骗机制。

所谓心理防御机制，就是人们受到压力或者阻力时，心里自然而然产生的一种防御心理。这种防御心理就好像手被烫到时，会下意识往回缩一样，只不过其表现在心理方面。

遭遇挫折的时候，酸葡萄效应可以帮助我们调整情绪，让我们能以比较平和的心态，接受当前不满意的现状。比如公司举行部门经理竞选，尽管自己经过了充分准备，结果还是落选了，这时我们可以安慰开导自己："做个普通员工其实也不错，不用承担责任，工作压力小，而且不用加班，可以有充足的时间做自己喜欢的事情"；比如暗恋的男孩子有了女朋友，我们可以对自己说："就他那副迷死人不偿命的模样，最容易做出拈花惹草的事情来，还是找个相貌普通的男人，最起码心里踏实……"

此外，对于一些无法挽回的事情，比如打翻了的牛奶杯，绝尘而去的恋人，擦肩而过的机会等，酸葡萄效应可以帮我们及时地从负面情绪中抽出身来，直面无法挽回的事实。

另一方面，酸葡萄效应如果运用得不合理，则会给我们带来负面影响。我们身边有些人，他们面对任何事情时都会表现出一副"吃不到葡萄说葡萄酸"的样子，喜欢抓住别人的缺点不放，站在道德的制高点指责别人……这是心胸狭隘的表现，容易降低做人的格局。

生活中很多时候都会出现挫折，但这都是暂时的，比如投简历被拒绝、做生意判断失误蒙受经济损失等。这时，我们需要借用一些"理由"寻找情绪上的安慰，经过短暂的调整后，我们再继续努力前行。

甜柠檬效应：陈大爷夸赞的助听器

陈大爷刚买了个助听器，那是他花了很多钱买的。戴上助听器后，他对着老伴一直夸赞助听器："没戴助听器那会，别人大声喊叫我都听不见，现在好了，你在楼上喊我吃饭，我都能听到啦！"

老伴正在做饭，她一边把炒好的菜放在盘子里，一边问陈大爷："助听器多少钱？"

"我还不饿！"爷爷回答说。

🎙️ 趣味点评

陈大爷买的助听器，对提高他的听力并没有起到多大作用。但因为买的时候花了很多钱，为了冲淡花钱带来的不安，他就夸大了助听器的价值，这就是"甜柠檬效应"。

🏛️ 心理学解读

心理学中，人们把个体在追求预期目标失败时，为了冲淡自己内心的不安，而提高现已实现的目标价值，从而达到心理平衡、心安理得的现象，称之为"甜柠檬效应"。甜柠檬效应也是一种心理防御机制，与酸葡萄效应相反。简单地说，酸葡萄效应是丑化自己得不到的事物，甜柠檬效应是美化自己得到的却不满意的事物。

合理运用心理防御机制，可以缓解我们的消极情绪，如果运用不合理，则会妨碍我们追求生活的脚步。我们在利用甜柠檬效应这种防御机制时，应该注意以下问题。

1.避免为消极情绪找借口

有个人体重飙升，就去健身房参加减肥训练。坚持了一段时间后，他忍受不了超负荷的运动和近乎残酷的节食，看着镜子里的自己，他安慰自己道："我比较高，胖一点显得魁梧；心宽体胖，别人一看我这样，就知道我日子过得挺滋润；万一地震我被埋到地下，我身上的脂肪，也能让我多熬几天……"

就这样，他觉得身体发胖也是件好事情，就不再去健身房。后来单位体检，医生说他好几项指标都严重超标，他这才意识到，当初不该自圆其说，自我安慰，助长了自己半途而废的消极情绪，给身体健康带来了危害。

2.及时制定新的目标

一家三口住在一个 75 平方米的小两居里，孩子渐渐长大，老人偶尔来小住，房间就显得非常狭小。男主人给自己制定了一个目标——两年内要努力赚钱，换 150 平方米的大三居。他为此兼职了三份工作，才过了小半年，就因为过度劳累住进了医院。住院期间，他安慰自己说："只要身体健康，就是住狗窝也心满意足。75 平米的房子容易打扫，物业费用低，已经很不错了，没必要让自己那么拼命。"

男主人出院后，休息了一段时间，调整了目标。按照目前的情况来看，两年内买 150 平方米的大房子确实有些吃力，但是如果努力把一份工作做好，争取升职加薪，两年内换套 100 平方米的小三居还是比较容易实现的。于是，男主人专注于当前的工作，顺利实现了升职加薪，两年后成功换了一套小三居……男主人在实现目标的过程中遭遇到了挫折，他利用甜柠檬效应及时调整心态，让身体和心情都得到了暂时的休憩与放松。之后，他及时地把不切实际的目标，调整为容易执行的目标，成功地解决了生活中的问题。

可见，生活中，不仅要善于利用甜柠檬效应调整心态，还应及时给自己制定切实可行的新目标。

踢猫效应：怎样把痛苦减掉一半

上课时，老师让小明回答一个问题："怎么理解'两个人分担痛苦，痛苦就会减一半'这句话？"

男孩想了想，回答道："我爸爸揍了我一顿，我感觉很难过。这时我逮住弟弟揍了一顿，我心里就会好受一些。"

🎙 趣味点评

父亲把小明揍了一顿，引发小明不悦的情绪，小明想通过揍弟弟一顿，发泄不满情绪。小明向比自己弱小的弟弟发泄不满情绪的行为，就是"踢猫效应"的表现。

🗼 心理学解读

不少人都听说过"踢猫"的故事：董事长为了激励下属勤奋工作，决定以身作则，他宣布自己工作要早到晚归。一天早上，董事长吃早餐时，看报纸耽误了时间，他发现快迟到了，就开车急忙往公司赶。路上，董事长因为超速驾驶被交警拦住开了罚单。董事长非常生气，到公司后，他把销售经理叫到办公室找借口教训了一顿。销售经理挨了批评后，就把秘书找来数落了一番。秘书觉得很委屈，就指责接线员工作不负责任。接线员忍气吞声工作了一整天，下班后，抓住儿子就大骂了一顿。接线员的儿子觉得很冤枉，转身就狠狠地踢了小猫一脚。

心理学上，"踢猫效应"是指对弱于自己或者等级低于自己的对象发泄不满情绪，而产生的连锁反应。人的坏情绪，通常会沿着等级和强弱组成的社会关系链条传递。由金字塔尖一直扩散到最底层，等级最低者成为了最终的受害者。

人的情绪会受到环境及偶然因素的影响。当一个人的情绪变坏时，他会潜意识地选择向无法还击的弱者发泄，踢猫效应是一种心理疾病的传染。生活中，每个人都是"踢猫效应"链条上的一个环节。当生活节奏快、压力大时，每个人都会遇到坏情绪。很多人选择用踢猫效应调整坏情绪。不过，这种调整情绪的办法并不能让人真正快乐起来，反而会让情绪变得更糟糕。

那么我们要如何避免发生踢猫效应，从而避免将坏情绪传染给别人呢？在这里给大家分享几个小窍门。

1. 分析原因

产生坏情绪时，首先要保持冷静，分析坏情绪产生的原因。比如上班迟到，被上司训了一顿，很不高兴。这时候我们就要想："上司训我，是因为我迟到了，自己做错了事情，就应该受批评。以后要改掉拖沓的毛病，避免再迟到。"

2. 消化坏情绪

产生坏情绪后，要想办法把坏情绪消化掉。我们可以约几个好朋友，看场电影、吃顿好吃的；回家后，打开电视看看综艺频道、脱口秀、相声之类的节目；可以去做有氧运动，比如跑步，出一身汗，洗个澡，好好睡一觉；或者上网找个聊得来的网友发发牢骚，排解烦恼；有条件的话，可以找个心理咨询师，专业的咨询会给我们带来尊重、热情、真诚、共情以及无条件的情感服务。

在生活中，每个人都难免会遇到坏情绪。重要的是，我们要学会有效化解不良情绪，及时控制不良情绪，不做"踢猫效应"链条上的传递者。

视网膜效应：我喜欢她脖子上戴的玻璃珠

一位母亲带着儿子在商场买东西。商场正在做内衣促销，一个身材火辣的模特，穿着内衣在走秀。

母亲低头看了看自己，自信地挺直腰杆。过了一会儿，母亲下意识地瞥了一眼儿子，发现年仅六岁的儿子正紧盯着模特看。

她抓住儿子的胳膊，想把儿子拉走。

"妈妈，她脖子上戴的珠子，跟我玩具弹弓的玻璃珠几乎一模一样，我好喜欢啊！"儿子回头望着模特，边走边对母亲说。

🎙 趣味点评

这位母亲看到内衣模特时，十分关注模特的外形。当她发现儿子也盯着模特看时，她认为儿子也对模特感兴趣。其实，儿子真正感兴趣的是模特脖子上的项链，因为项链上的珠子和他玩具弹弓的玻璃珠很相像。女人对模特的形象感兴趣，儿子对模特的项链珠子感兴趣，这都是"视网膜效应"的表现。

🏯 心理学解读

"视网膜效应"，就是指当我们自己拥有一件东西或一项特征时，我们就会比平常人更注意到别人是否跟我们一样具备这种特征。

生活中这样的例子比比皆是：我们好不容易买到了一款自认为非常别致的包包，结果上街逛了一圈才发现，街上很多女孩背的都是同款包包；出差时不小心着凉感冒，你发现车站的候车室有好几个人也在打喷嚏流鼻涕；挺着孕肚在公园遛弯儿，很容易就发现也有别的孕妇在逛公园……其实，这些现象平时也都存在，只是我们平时不太注意而已。

视网膜效应说明了一个问题：人们会格外关注自己需求的东西，这种关注深入潜意识后，我们就对同类事物更敏感。

平时可以利用视网膜效应来提高自我洞察力，这将有助于提升自己解决问题的能力。

比如，我们喜欢阅读和写作，同样是玩手机，别人看新闻、玩抖音只是为了消遣和娱乐，我们就能通过新闻和抖音，挖掘写作素材和灵感，解决素材枯竭和写作瓶颈的问题。

卡耐基提出过一个观点，他认为每个人的特质中大约有 80% 是长处或优点，20% 左右是缺点。当我们只认识到自己的缺点时，视网膜效应就会促使我们发现自己身边都是拥有这种缺点的人。

比如，一个性格暴躁的人，他可能会发现，自己身边怎么都是脾气暴躁的人？这样引发的结果就是，这个人可能整天都会和身边的人发生冲突。这样，他的人际关系就会非常差，自己也会处于暴躁情绪中无法脱身。

相反，如果我们善于挖掘自己的优点，那么我们就会发现，我们生活在一个温暖和谐的生活环境中，身边的人友好而善良。比如，一个人很热心，他可能就会选择去做公益。这样，他就会发现很多公益人，他们可能就会成立自己的组织，去帮助更多弱势群体。

英国文学家萨克雷说过：生活好比一面镜子，你对它哭，它就对你哭；你对它笑，它就对你笑。

　　我们面对世界微笑，这个世界才能用笑容迎接我们。善于挖掘自己的优点，用欣赏的眼光面对周围的一切，就会拥抱正能量，感受真善美，生活也会更快乐！

毒气效应：鹦鹉生气了

迈克过生日，爸爸送给了他一只鹦鹉作礼物。

爸爸说："这只鹦鹉很聪明，你握它右腿时它会说'你好'，你握它左腿时它会说'再见'。"

迈克觉得很有趣，他不停地握鹦鹉的右腿和左腿，鹦鹉也不停地说"你好"和"再见"。

后来迈克突发奇想："如果我同时握住鹦鹉的两条腿，它会说什么呢？"

迈克伸出两只手，同时握住了鹦鹉的左右腿。这时，鹦鹉生气地大喊起来："浑小子，你想把我撂倒吗？"

🎙 趣味点评

迈克不停地握鹦鹉的右腿和左腿，鹦鹉一直配合他说着"你好"和"再见"。迈克腿同时握住鹦鹉的两条腿时，鹦鹉被激怒了，它脱口骂了迈克。乖巧的鹦鹉被迈克不停地戏弄，终于被激怒骂人，这就是"毒气效应"。

🏛 心理学解读

在人格心理学中，人们把平时个性十分温顺，偶尔也会发点犟脾气，从而引起人们格外关注、重视的现象，称之为"毒气效应"。

新闻里报道过这样一个案例：村里有个单身汉，总是去骚扰邻居的妻子。因为邻居身材瘦小、沉默寡言、胆小懦弱，村里人都不把他当回事儿。有一天，这个男人从外面回来，看到妻子衣衫不整蜷缩在床上哭泣。男人追问妻子原因，妻子啜泣着说，她被单身汉给欺负了。男人二话不说，从厨房拿了把刀就去找单身汉算账。单身汉根本没把男人放在眼里，他丝毫没有愧疚悔改的意思，还用言语刺激男人，结果男人一刀砍过去就把单身汉给杀了。男人被逮捕以后，记者去村里采访，被采访的人都说想不到那么老实的人竟然会杀人！

性格温顺的人平时几乎不发脾气，可是如果有过激的事情打破了他的底线，他会大发脾气，甚至做出让人惊骇的行动。这种现象就好比是我们一直生活在美好的环境中，蓝天碧海、鸟语花香、四季流转、美景变换，让人感觉舒适惬意。然而人们为了利益肆意破坏环境，就等于去拧毒气罐的开关，毒气开始泄漏，生态环境遭到破坏、水源被污染、天空出现雾霾，这时人们往往才意识到拥有美好环境的重要性。

能产生毒气效应的人，性情往往都比较温和。性情温和的人不是不会产生负面情绪，而是习惯把负面情绪积郁在心底。对于这种类型的人来说，适当地排放一些"毒气"，可以宣泄积郁的负面情绪，也可以赢得别人的尊重。

大学宿舍有一位女孩叫小美，她人脾气很好，常常帮室友铺床、打水、打扫卫生，渐渐地，大家都习以为常，认为这都是她应该做的事情。有一次，小美没有及时打水，有个同学对她发了一通牢骚，小美当时心情不太好，积压的委屈情绪当下就爆发了："你有手有脚，自己不会去打水吗？从今天开始，我不会帮任何人打水了！"大家从来没见过小美发脾气，她这么一闹，大家都感觉很羞愧。从那以后，室友们自觉地开始轮流打水，大家和小美的关系，也处得越来越融洽了。

　　凡事都要适可而止，性情温顺的人被激怒时，要懂得控制自己的"毒气阀"，避免惹出祸事来。在为人处世中，遇到性情温顺的人，我们要给予对方充分的理解和尊重，免得不小心打开了对方的"毒气阀"受到冲击和伤害。

逆反效应：老婆的妙招

丈夫天天晚上出去打牌，而且总是凌晨回家，妻子非常生气。

妻子给丈夫立下规矩："晚上 11 点必须回家，否则我就锁大门！"

当天晚上，丈夫 11 点半才回家，妻子已经锁了大门。丈夫敲门，妻子不给开。丈夫折回牌场，玩了个通宵，觉得特别爽。

第二天晚上，妻子给正在玩牌的丈夫打电话："晚上 11 点你不用回来了，我开着门睡觉。"

从那以后，丈夫每天晚上都在 11 点准时回家。

🎤 趣味点评

妻子说她晚上要开着门睡觉，让丈夫不要回来了。在丈夫看来，妻子开着门睡觉，还不让他回家，他担心妻子给别的男人留门，于是他每天都准时回家。妻子不让丈夫回家时，丈夫却反其道而行之，偏要准时回家，他的这种心理就是"逆反效应"。

🏛 心理学解读

"逆反效应"，是指受众由于受某种原有立场、思维定式的影响，而产生与传播者的传播意图相反的心理倾向。简单地说，就是指人们彼此之间为了维护自尊，而对对方的要求采取相反的态度和言行的一种心理状态。

在人生成长的不同阶段中，逆反效应随时可能会发生：小时候，母亲不让我们乱动桌上的玻璃茶具，可趁着母亲不注意，我们却偏要玩，结果摔碎杯子，被玻璃渣子割破了手指；读书时，老师千叮咛万嘱咐，暑假里不能下河游泳，可总有一些调皮的孩子非要跟老师对着干，结果不慎溺水，造成了不可挽回的悲剧；到了找对象的年龄，父母说女孩找的男孩靠不住，逼女孩与男孩分手，他们逼得越紧，女孩跟男孩在一起的决心就越大，结果，等意识到父母的判断是正确的时候，女孩已经悔之晚矣。

逆反效应发生的根本原因是逆反心理，逆反心理会对我们造成极大的危害。有逆反心理的人，表面上看起来，好像对许多事情都毫不在乎，其实，他们常把自己摆在与别人对立的位置上，其内心是痛苦不安、孤单寂寞的，这样对身心健康都会产生不良影响。

逆反心理使人们无法客观地认清事物的本来面目，会让人们采取错误的方法和途径去解决所面临的问题。逆反心理若经常反复地出现，就会构成一种狭隘的心理定式，凡事都习惯与常理背道而驰。

要避免逆反效应的出现，就要克服逆反心理。那么我们该如何克服逆反心理呢？

一个人产生逆反心理的根本原因，往往是因为他的综合素质不够高。文化素质高，知识渊博的人，遇到问题时，就会采用一种更科学、更宽容的思维去解决问题。提高自己的综合素质，理性地对待别人提出来的要求，可以有效地克服逆反心理；偏执容易钻牛角尖的人，更容易产生逆反心理，要让自己变得乐观包容，胸怀宽广，你就会发现，与世界和解，远比与世界对立要快乐得多。

海格力斯效应：猪圈住一夜多少钱

第二次世界大战时期，德军占领了巴黎。

两个纳粹军官傲慢地走进一家旅馆，他们环视了一周，问老板："在这个猪圈住一夜多少钱？"

老板不卑不亢地回答："一头猪50法郎，两头猪90法郎。"

🎤 趣味点评

纳粹军官把老板的旅馆称作猪圈，老板就把他们视为猪，这种以牙还牙的现象，就是"海格力斯效应"。

🏛 心理学解读

希腊神话故事中，有位英雄大力士叫海格力斯。有一天，海格力斯在路上看到一个袋子，发现袋子里好像装着什么奇怪的东西，鼓鼓的很难看。于是，海格力斯踩了袋子一脚，想把它踩破踢到一边去。没料到，袋子没有被踩破，反而膨胀起来。海格力斯又踢了袋子几脚，袋子反而膨胀得越来越厉害。海格力斯被激怒了，他拿起一根木棒砸向膨胀的大袋子，袋子膨胀得更大了，把路也堵死了。海格力斯气呼呼地和丑陋的大袋子对峙，却拿它毫无办法。这时，一位智者对海格力斯说："别动它了，忘了它，离开它。它叫仇恨袋，你不招惹它，它就不会变大。你若侵犯它，它就会膨胀起来和你抗争到底。"

"海格力斯效应"是指一对一的人际互动，是一种人际间或群体间存在的冤冤相报、致使仇恨越来越深的社会心理效应。简单地说，就是两个人因为某种原因产生了矛盾，你如果报复对方，就会加深对方对你的仇恨，他就可能会挖空心思对付你；如果你还不罢休，他就会更加恶毒地报复你。在这个互相仇恨互相报复的过程中，你心中的敌意越深，对方对你的报复可能就会越狠，直到两败俱伤，这种现象就是海格力斯效应在作怪。

生活中这样针锋相对以牙还牙，最终引发血案的案例时有发生：比如小区的草坪上，两个小狗在玩的过程中冲对方叫了几声，小狗的主人就不乐意了，先是你一言我一语指责对方的狗狗，接着就开始直接攻击对方，越吵越凶，后来就动手打了起来。结果，一个小狗主人受伤住进了医院，另一个小狗主人则进了拘留所。后来，两个人明争暗斗、互相仇视，从此结下了梁子。

海格力斯效应给人们带来的负面影响是显而易见的：它会让人为了所谓的仇恨，很长一段时间甚至是一辈子，都在寻找"报复"的机会，将美好的时光浪费在丑陋的、无休止的仇恨之中；当一个人心怀仇恨，并且任由这种心理一直膨胀的话，他们就会用仇恨的眼光针对这个世界，整日生活在仇恨之中，最终心理扭曲变形，看不到美好的事物，感受不到生活的快乐。

生活中，当我们不小心踩到了"装着仇恨的袋子"，我们要避免让它越来越膨胀。比如，和人发生了矛盾后，不要等着别人来主动和解。等别人主动上门道歉，就等于让别人来主宰你的情绪，你就失去了掌握自己情绪的主动权。

我们要主动原谅别人，因为很多时候，原谅别人其实就是放过自己，我们要学会放下，负重前行永远没有轻装上阵轻松。

生活是个万花筒，不同的人会看到不同的样子。心态平和的人满眼都是幸福和快乐，心怀仇恨的人看到的都是烦恼和仇恨。你做出了什么样的选择，你就会拥有什么样的人生。

证实性偏见：真皮也会褪色啊

一个非洲男子在赤道附近工作，他在工地上和一位美洲同事关系非常好。

后来，这位美洲同事突然家里有事，回家待了一年的时间。等他再回到工地上时，非洲男子看到他后惊讶地说："我的天，这年头，真皮也会褪色啊！"

🎙 趣味点评

在非洲男子看来，他认为人的皮肤都应该是黑色的。当他看到美洲同事休假回来的皮肤时，就认为美洲同事的皮肤褪色了。非洲男子为了支持自己"人的皮肤都是黑色"这一观点，就用"褪色"来解释美洲同事皮肤变白的原因，这就是"证实性偏见"的思维特征。

🏛 心理学解读

当我们在主观上支持某种观点的时候，我们就会倾向于寻找那些能够支持我们观点的信息，而往往忽略那些可能推翻我们观点的信息，这就是心理学讲上的"证实性偏见"。简单地说，就是人们习惯自以为是，认为自己的观点是对的，就积极寻找相关信息去支持自己的观点，而把那些可能推翻原来的观点都忽略掉。

　　我们可能都经历过这样的事情：早上起来一看表，发现睡过头了，上班快要迟到，急急忙忙起床刷牙，一不小心将挤在牙刷上的牙膏掉进洗手池，伸手重新拿牙膏，却打翻了刷牙杯……我们的心情一下就沮丧起来，一大早就诸事不顺，感觉今天真是个"倒霉日"。冲出家门，赶到公交站牌下，眼睁睁看着公交车关门启动，"遗憾"地错过了公交车。赶到公司，迟到了两分钟，还被老板训了十几分钟。临下班前，约好见面的客户却打电话爽约……这时候我们可能忍不住又要慨叹："看，我说对了吧，今天真是太倒霉了！"

　　我们为了证实自己关于"倒霉日"的判定，就下意识寻找相关信息证实自己的观点是正确的。其实一天下来也发生了不少美好的事情，比如上了公交车后，刚好找到了一个临窗的位置；中午休息时，旅行回来的同事送了一大包零食；修改了很久的一个文案，终于得到了老板的认可……只是，这些信息都被我们过滤掉了，我们只看到了不顺心的事情，从而沉浸在负面情绪中。

　　一旦陷入证实性偏见，就很难保持客观的分析问题。俄亥俄州立大学一项研究表明：当人们看到那些契合自己观点的文章时，会比其他文章多花 36% 的时间来阅读。这时，证实性偏见开始发挥效用，我们会发现很多证据证明我们的观点是对的。于是，我们陷入了证实偏见的思维，即使很多人反对，我们依旧会收集相关信息证明自己的观点是正确的。证实自己的观点是正确的，这并没有错，关键是，那些证据也许只是事物面貌的一部分，以偏概全，不做全面思考，就很容易得出错误的结论。

　　如何避免发生证实性偏见呢？我们可以从下面几个方面入手。

　　首先，我们要坦诚审视自己的动机，我们是在收集有助于自己做出聪明决策的信息，还是在为自己的错误观点找借口；其次直面相互冲突的信息时，我们要充分了解来自不同维度的信息；然后采用逆向思维去思考问题，或者找个值得我们信赖的人作为意见分歧者，展开一场辩论，需要注意的是，在征求意见时，避免找那些唯命是从的人，也不要提出带有诱导性的问题。

不要妄图说服自己去为错误观点寻找证据，要始终提醒自己：我们要探求、要找寻的，是事物本真的面目。

兴趣定律：瞧那个园丁，他就是凶手

影院正在上演一部侦探片，酷爱看侦探影片的鲍勃，正凝神屏气地盯着荧屏，思考着谁可能是凶手。

随着剧情的发展，鲍勃的大脑在飞速地运转着……正在这时，影院的侍者向他推销食品："先生，你需要爆米花吗？"

鲍勃说："谢谢，不需要。"

侍者又问道："先生，那你需要喝点香槟吗？"

鲍勃的思路被打扰了，他不耐烦地说："不需要。"

"先生，我猜你一定需要一包香烟！"侍者不甘心地问道。

鲍勃忍无可忍地发火了："滚开，我什么都不需要！"

侍者也被鲍勃的态度激怒了，他弯下腰，伏在鲍勃的耳边说："先生，你看到那个园丁了吗？他就是凶手！"

🎙 趣味点评

鲍勃正在兴致勃勃地看电影，被侍者打扰后很愤怒，就对侍者发了火。侍者也有些怒了，向鲍勃"剧透"凶手是谁，让鲍勃失去了观影兴趣。破坏别人的兴趣，是一种打击报复，侍者用"兴趣定律"报复了鲍勃对他的无礼。

🗼 心理学解读

心理学上认为，兴趣是人对事物的真正关心，是推动人们去寻求知识或从事某种活动的精神力量。兴趣一旦被干扰，就可能会引起怨愤，兴趣一旦消失，人就会对所关注的事情感到索然无味，这就是"兴趣定律"的含义。

张志从小学开始，学习成绩总是班级倒数几名，他父母为此伤透了脑筋。张志勉强读完职专后，就去汽车 4S 店做了学徒工。工作一年后，他的人生就像开了挂：他不仅从学徒转了正，还被评为优秀员工，之后他辞职开了家汽修厂，后来还开了一家分厂，生意做得红红火火。

张志也没想到自己会当上汽修厂老板。他只是觉得平时自己喜欢拆装汽车，找出问题，排除故障，再把汽车组装起来，这让他有种莫名的兴奋感和成就感。他几乎把全部精力和心思都放在了汽车修理上。后来，只要有问题车辆从他身边经过，他一听声响，几乎就可以判定车辆哪个部位出了故障。随着修车技术越来越成熟，他就辞职开了厂子，结果干出了一番事业。

我们常说，兴趣是最好的老师。兴趣一旦被激发，人们会伴随愉快的情绪和主动的探索意识，去积极地认识和钻研事物。兴趣对我们的事业具有无法替代的促进作用。正是由于对汽车修理的兴趣，激发了张志工作的热情，让他有了创业的动力，最终在汽车修理方面取得了成就。

美国有位妇女很喜欢读侦探小说。有一天，她向法院提出诉讼要离婚，因为她的丈夫对她过于"残忍"。这残忍的事实就是，她的丈夫抢先看了她的侦探小说，并把"真凶"写在书的首页上。这个啼笑皆非的故事告诉我们：人的兴趣一旦被干扰或被破坏，就可能会引起极大的怨愤。

　　兴趣固然是人们所看重和追求的，然而，生活是一场修行，我们不可能活得太任性。比如律师这个职业，体面、收入高，但压力也很大。小赵是名律师，他时常抱怨，自己并不喜欢这份工作，特别是每天早上一睁开眼，想到要面对的当事人，就感觉特别痛苦。遇到不喜欢的工作怎么办？辞职吗？当然不现实，特别是中年人一般都有房贷车贷要还，有老婆孩子要养，养家糊口是首先要考虑的，至于兴趣，只能排在第二位。

　　其实，兴趣是可以培养的，当为生活所迫，我们不得不做一份不太感兴趣的工作时，我们可以有意识地培养自己对这份工作的兴趣。

　　心理学家认为，兴趣的发展有三个阶段：有趣——乐趣——志趣。有趣是兴趣的第一阶段，其特点是随生随灭，为时短暂。乐趣是兴趣的中级水平，是在有趣的基础上形成的，其特点是基本定向，为时较长。志趣则是兴趣的高级水平，是在乐趣和理想结合的基础上形成的，其特点是积极自觉甚至终身不变。

　　我们可以根据兴趣的发展阶段，逐渐调动起自己对工作的兴趣。上面提到的律师小赵，他可以先在工作中找到"有趣的点"，比如他可以从一个繁杂的案例中，找出自己感兴趣的东西，让自己觉得律师的工作虽然枯燥烦琐，但也是"有趣"的。接着，他可以寻找工作的"乐趣"，比如可以和不同圈子的人打交道，可以提升自己的人脉和资源等。经过一段时间有意识的调整后，就可能会把"乐趣"升华为志趣。

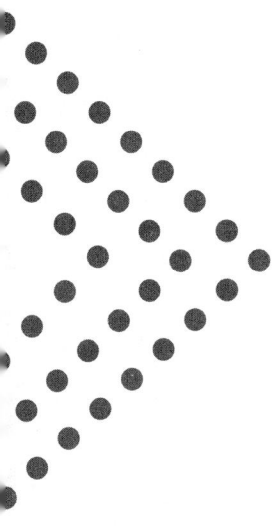

第三章　社会篇

剖析规律，让你在生活中如鱼得水

刻板效应：亚当和夏娃是哪国人

三个不同国籍的人结伴而行去旅游，在中途休息时，聊起了亚当和夏娃。

法国人说："亚当和夏娃一定是法国人，只有浪漫的法国女人，才会为了半个苹果献身。"

英国人说："我认为亚当和夏娃是英国人，只有英国绅士才会给女人半个苹果。"

俄罗斯人说："你们都说错了，亚当和夏娃肯定是俄罗斯人，只有我们俄罗斯人，才不会为没吃没穿没地方住而发愁，不穿衣服坐在大石头上，一个苹果两个人分，还认为自己在天堂！"

🎙️ 趣味点评

法国人认为法国女人都很浪漫，英国人认为英国男人都是绅士，俄罗斯人认为他们俄罗斯人都很乐观。这三个人的行为就是"刻板效应"的体现。

🏛️ 心理学解读

"刻板效应"又称"刻板印象"，它是指对某个群体产生一种固定的看法和评价，并对属于该群体的个人也给予这一看法和评价。刻板印象虽然可以在一定范围内进行快速判断，不用探索信息，就能迅速洞悉概况，节省时间与精力，但往往可能会形成偏见，忽略个体差异性，进而影响判断的正确性。刻板印象如果没有及时得到纠正，进一步发展可能就会扭曲为歧视。

阿珍给闺密阿芳介绍了一个男朋友，阿芳听说男孩是河南人，头摇得像拨浪鼓。就在前不久，阿芳叫了一个收废品的男人来家里把不用的东西拉走。收废品的人走后，阿芳才发现，她刚给母亲买的按摩器不见了，应该是收废品的人趁她不注意，把按摩器夹在废品里拿走了。收废品的男人就是河南人，阿芳本来对河南人印象就不怎么好，而收废品男人的表现，更是佐证了她之前对河南人所固有的印象。

后来，阿芳对公司新来的同事有了好感，她主动出击，两个人开始来往。后来阿芳才知道，同事竟然也是河南人，她心里顿时打起了退堂鼓，但是她又觉得同事无论从哪个方面看，都是个比较出色的男人，她决定给自己重新认识河南人的机会，再和同事交往一段时间试试看……现在，阿芳已经和河南同事结婚了，谁要跟她说河南人不好，她就拧着脖子跟谁急。

阿芳当初戴着有色眼镜看待河南人，认为河南人都是骗子，这就是典型的刻板效应。刻板效应会让我们对一个人产生先入为主的偏见，与人交往时如果被刻板效应占了先机，就容易出现错误的判断，导致人际交往的失败。

要尝试克服刻板效应，比如要避免受到"以偏概全"思想的影响，要有意识地重视和寻求与刻板印象不一致的信息。我们可以深入到群体中去，与群体中的成员广泛接触，加强与群体中典型化、代表性的成员的沟通，检索验证刻板印象中与现实相悖的信息，最终克服刻板印象的负面影响而进行准确的判断与认识。

隧道视野效应：二战早已经结束了

一个老人临终前突然向租住在他家的犹太人忏悔："对不起，我不该让你一直住在我家的地下室。"

犹太人说："你这是救我啊，我应该感谢你才对。"

老人说："我不该让你每天给我 100 英镑。"

犹太人说："这是应该的，我住在这里也需要付房租啊。"

老人突然痛哭起来："可我以前没告诉你，二战十几年前就已经结束了！"

🎤 趣味点评

犹太人被老人藏在地下室，他的视野局限在狭小的空间，根本不知道二战早就结束了。老人把他困在地下室，让他与世隔绝，就是为了每天收他 100 英镑的房租。像犹太人这样，视野被禁锢的现象，就是"隧道视野效应"。

🗼 心理学解读

"隧道视野效应"说的是一个人若身处隧道，他的视野就非常狭窄。唯有视野开阔，方能看得高远，才能拥有远见和洞察力。

克罗克一生坎坷，年过五十还在做推销奶昔机器的工作。他有一次偶然在业务报表上发现，有一家叫麦当劳的汽车餐厅先后订购了八台奶昔机。克罗克敏锐地意识到，随着社会生活节奏的加快，快餐店将越来越受到人们的青睐。

克罗克立马找到麦当劳兄弟，他提出了很多合理性提议，可麦当劳兄弟对克罗克的提议并不感兴趣，不过，他们同意让克罗克加入进来，帮他们料理生意。克罗克进入麦当劳快餐店后，很快就掌握了快餐店的经营办法，帮助麦当劳兄弟获得了不菲的营业收入。他在与麦氏兄弟合作的过程中，发现这对兄弟目光短浅，跟他们长期合作不会有太大发展前途。克罗克看到了快餐帝国的美妙前景，于是他决定买下麦当劳。

1961 年，克罗克与麦氏兄弟进行了一次艰难的谈判，最终克罗克答应以 270 万美元的现金，买下麦当劳餐馆。双方就此达成协议，并很快进行了产权交割，办理了相关移交手续。这件事在当时引起了巨大轰动，大大地提高了麦当劳快餐馆在美国的知名度。经过 40 余年的发展，目前麦当劳已有 7 万多家店铺，遍布全球 100 多个国家和地区。

麦当劳兄弟创立了麦当劳，他们原本可以扩大经营，却因目光短浅，没有战略眼光，无法对当前形势进行全面评估和客观分析，也就形成了不可避免的隧道视野，致使一个老店经营了几十年仍然没有得到发展。而克罗克出现后，他高瞻远瞩，积极思考，摆脱了具有局限性的隧道视野，开阔思路，放眼未来，最终寻求到了广阔的发展机会。

隧道视野限制人们的思维，不仅容易让人故步自封，失去发展的机会，更容易令人们陷入狭隘思维中，造成不可挽回的损失。比如，有的人因为贪婪，可能就会做出挪用公款、抢劫偷窃等违法行为。这时，我们就要避免在压力、恐惧、贪婪等极端情绪下做决策，失控的情绪一旦驾驭理性思维，可能就会做出与优质决策背道而驰的错误决定。

生活是面多棱镜，解决问题的方式也不拘一格。我们面对同一事物，观察和理解的视角不同，就会导致决策观点的不同。寻求多元化视角和观点，有助于开阔视野，有助于全面且有针对性地剖析事件本质，获得比较全面可行的决策。

近因效应：不要嫁给水果商

奥利遇到了两个追求者，一个是水果商，一个是考古学家，他们各方面条件都差不多，奥利不知道自己该选谁。

奥利请闺蜜帮她拿个主意，闺蜜说："这还用问吗？当然选考古学家。你年龄越老，考古学家越对你的兴趣越浓厚，绝不会喜新厌旧，而水果商只喜欢新鲜的东西！"

🎙 趣味点评

水果商喜欢新鲜的水果，就如人际交往中，我们对他人"最新"的认识占主导地位，这就是"近因效应"。

🏛 心理学解读

心理学上的"近因效应"，是指当人们识记一系列事物时，对末尾部分的记忆效果优于中间部分的现象。

近因效果与首因效应相反，是指在多种刺激出现的时候，印象的形成主要取决于后来出现的刺激，即交往过程中，我们对他人最新的认识占了主体地位，掩盖了以往形成的对他人的评价，因此，"近因效应"也称为"新颖效应"。

心理学的研究表明，人与人交往的初期，首因效应的影响比较重要。而在交往的后期，在彼此已经相当熟悉之后，近因效应的影响就显得十分重要。

小林和伟子是好朋友，两人刚参加工作，工资都不高。但小林家境不错，家里每月给他贴补不少钱。伟子手头紧时，常常向小林借钱。伟子每次开口借钱，小林总是慷慨解囊。后来，两个人先后谈了女朋友，开销都加大了。伟子再向小林借钱时，被小林直言回绝："女朋友该过生日了，我得存钱给她买礼物。"

伟子被拒绝后，觉得很没面子，他觉得小林重色轻友，不仗义，于是找茬和小林吵了一架，之后，两人的关系也疏远了许多。

朋友之间的负性近因效应，往往是因为交往中愿望不遂，或感到自己被误解时产生的。在情绪激动时，人们会降低行为控制能力以及对周围事物的理解能力，这时候就容易发生误判，产生不良后果。在人际交往中，当在非理性状态下对朋友造成伤害时，可等情绪稳定下来后，主动尝试挽回，避免这段关系毁于一旦。

在生活中，近因效应对人们的影响无处不在。比如，一个经常做坏事的人偶尔做了一件好事，人们会觉得他"浪子回头金不换"；一个经常做好事的人偶尔做了一件坏事，就可能被认为是"虚伪的人"；说话时，语序变动可能会带来截然相反的意思，比如"屡战屡败"和"屡败屡战"，前者传递了一个失败者的信息，后者则塑造了一个百折不挠的英雄形象。

巧妙地利用近因效应，往往能够发挥积极的作用。比如领导对下属的工作不满意，对其进行了严厉批评后，再安慰几句，就如打一巴掌之后给他一颗糖，他可能就会记得糖的甜而忘记前面那一巴掌的痛。学会利用近因效应，能缓解他人的不良情绪，给对方留下一个较好的印象。

　　需要注意的是，最近的印象虽然相对深刻清晰，但不一定是全面而正确的判断。我们评定一个人或者一件事情时，不能只看眼前，还要综合过去的因素，只有这样，才能做出理性而准确的评判。

场化效应：虚构故事是我的职业

有一次，英国作家狄更斯正在钓鱼，一个陌生人走到他跟前问："先生，您在钓鱼?"

"是的，"狄更斯毫不迟疑地答，"今天，我钓了半天，没见一条鱼；可是在昨天，也是在这个地方，却钓起了十五条鱼!"

"是吗?"陌生人问，"那您知道我是谁吗? 我是专门巡检偷钓者的，这带湖口禁止钓鱼!"

说着，那陌生人从口袋里掏出一本罚单，要记下名字并罚狄更斯的款。见此情景，狄更斯忙反问道："那么，你知道我是谁吗?"

当那陌生人还在惊讶迷惑之际，狄更斯直言不讳地说："我是作家狄更斯，你不能罚我的款，因为虚构故事是我的职业。"

趣味点评

狄更斯因为钓鱼要被罚款，经过他的巧妙周旋，一席话把巡视员绕晕了。狄更斯这种幽默在心理学领域，就是"场化效应"的典型体现。

心理学解读

心理学上的"场化效应"，指的是个体本来不具有某些个性特征，然而当个体一旦进入某个群体后，就会被这个群体所产生的心理场所磁化，从而出现某些不具有个性特征的行为与情绪。这种现象犹如物理中的磁场，铁本身不具有磁性，被磁化后的铁就具有了较强的磁性。

这种场化效应，在日常生活中随处可见。家长们想方设法想把孩子送到重点学校学习。除了重点学校的师资力量比较雄厚外，还因为重点学校学习氛围比较浓。即使一个不太喜欢学习的孩子，看到身边的同学都在埋头学习，他也可能被场化，产生学习动力；又比如，一个人本来不喜欢打麻将，可是他所居住的小区活动室，总有左邻右舍在打麻将，他从活动室门口路过时，时不时会被喊进去打两圈麻将，日子久了，他可能就会对打麻将上瘾，一天不摸几把麻将就会觉得浑身不舒服；再比如，在歌星演唱会现场，歌星与歌迷的互动，能引起两者的心理共鸣，把现场气氛掀至高潮。

为什么会产生场化效应呢？理论界对此研究颇多，主要存在下述几个观点。

1. 集体意向说

"集体意向说"认为，群体心理场能产生一致性的集体意向。这种集体意向从许多人的潜意识中发展而来，群体中的人接受社会传染，并模仿他人行动。

2. 精神感应说

"精神感应说"认为，群体中的人因为集中注意于一个对象，所以情绪高昂，行动越轨。而且他们觉得在群体中的行为比较安全，个人分摊到的行为责任较小，许多平时行为谨慎的人在群体中，也会被群体行为影响而做出他平时一个人时根本不会做的事情。

3. 从众说

"从众说"则认为，在群体中存在着一种压力，不按群体规范行事，就有可能被群体排斥，为避免被排斥在外，个体就会产生与群体保持一致的行为。

　　我们平时所说的"和什么样的人在一起，你就会成为什么样的人"，这也是场化效应的体现。想成为优秀的人，就要和优秀的人在一起，就要努力向"高场能"人群靠拢，这些人的眼界、格局、经验、人脉等，会对我们的人生带来积极影响，最终帮助我们成为自己想要成为的那种人。

投射效应：没人稀罕你的吸尘器

鲍比家里的吸尘器坏了，他想借用邻居家的吸尘器。

鲍比在去邻居家的路上，边走边想："邻居不把吸尘器借给我怎么办？我用完马上就还给他。所以说，他要是不借给我，可真就是个小气鬼！他上次借我割草机，我都借给他了……"

鲍比越想越生气，走到邻居家，敲开门后就冲着邻居大喊："你这个吝啬鬼，没人稀罕你的吸尘器！"

趣味点评

鲍比推测邻居不会把吸尘器借给他用，但这只是鲍比自己的想法，而不是邻居的想法。鲍比把自己的想法强加到邻居身上，这种行为就是"投射效应"。

心理学解读

投射效应是一种推己及人的认知障碍，在认知和对他人形成印象时，以为他人也具备与自己相似的特性，于是把自己的感情、意志、特性投射到他人身上并强加于人。

简单地说，就是在人际交往中，我们认识和评价别人时，常常会用自己的想法去揣测别人的想法，但是别人的想法其实和我们是不一样的。比如，一个人心地善良，他认为所有人都是善良的；一个工于心计的人，他往往觉得别人都在算计他；一个满嘴谎言的人，他觉得别人说的都是谎话……

投射效应的表现方式分为三种类型：相同投射、愿望投射及情感投射。

1. 相同投射

是指人们倾向于按照自己是什么样的人来判断他人，而不是按照被观察者的真实情况进行认知。比如家里来了客人，主人觉得热，他就觉得客人也很热，他可能不会征求客人的意见，就会打开冷气。而真实情况是，客人可能并不觉得热。这种投射的发生在于忽视自己与对方的差别，在意识中没有把自我和对象区别开来，而是混为一谈。

2. 愿望投射

即把自己的主观愿望强加给对方的投射现象。比如，男上司喜欢他的女下属，他在工作上常常有意给女下属提供一些便利和帮助。女下属出差回来给男上司带了一些礼物，男上司收到礼物后，就认为是女下属也喜欢自己。其实，女下属送给男上司礼物，只是为了表达谢意。男上司希望女下属也喜欢自己，他把自己的主观愿望强加给女下属，就是愿望投射现象。

3. 情感投射

简单地说，就是"情人眼里出西施"的现象。通常情况下，人们喜欢一个人时，觉得对方身上都是优点。与此相反，我们讨厌一个人时，就会觉得他身上都是缺点。这种认为自己喜欢的人或事是美好的，自己讨厌的人或事是丑恶的，并且把自己的感情投射到这些人或事上进行美化或丑化的心理倾向，在人际交往中，容易让人失去认知的客观性，导致主观臆断并陷入偏见的泥潭。

投射效应的产生，主要是因为主观意识在作祟，我们可以通过保持理性，来消除这种效应带来的不良影响。我们要认识到，每个人都是独立的个体，不同的个体之间存在着差异，我们要尊重他人的不同，让自己正确认识到客观的事实。

我们要尽量从多方位角度认识他人，要懂得站在他人的角度思考问题，理解对方的情感和需要，只有这样，我们才能更好地与他人沟通，建立良好的社交关系。

定式效应：我要半斤润滑油

一位顾客走进五金店，跟老板说他要买一斤润滑油。五金店地方有些小，胖老板便把润滑油放在最高的货架上。

胖老板吃力地爬上梯子，取下油桶，给顾客倒了一斤润滑油。

胖老板正要搬走梯子，又进来一个顾客，说也要买一斤润滑油。胖老板只好"吭哧吭哧"地又爬上梯子，给第二名顾客倒润滑油。

胖老板刚把润滑油桶摆上货架，这时又进来一个顾客。

"先生，你是不是也要一斤润滑油？"胖老板站在梯子上问顾客。

顾客摇了摇头："我不要一斤润滑油。"

胖老板说："那你稍等。"

胖老板好不容易从梯子上爬下来，他把梯子收起来放在储物室，然后问顾客："先生，你要买什么？"

顾客说："我要半斤润滑油。"

🎙 趣味点评

前面进来的两个顾客都要一斤润滑油，胖老板认为第三个进来的顾客，可能也要一斤润滑油。前面两个顾客让胖老板产生的心理活动，影响了他对第三个顾客的判断，这种现象就是"定式效应"。

心理学解读

"定式效应"，是指有准备的心理状态能影响后继活动的趋向、程度以及方式。简单地说，就是指以前的心理活动会对以后的心理活动形成一种准备状态或心理倾向，从而影响后续的心理活动。

俄国社会心理学家包达列夫曾做过这样一个实验：他向两组大学生出示同一个人的照片。在出示照片之前，他向第一组大学生说照片上的人是个十恶不赦的罪犯，他向另一组大学生说照片上的人是位伟大的科学家。然后，包达列夫让两组大学生，用文字描绘照片上的人的相貌。

第一组大学生是这样描述的：通过他深陷的双眼仿佛看到了他内心的仇恨，从他突出的下巴看到了孤注一掷的赌徒心理等；第二组大学生则给出了截然不同的描述：深陷的双眼表明他的思想很有深度，突出的下巴表现了他克服困难的意志力等。

这个实验有力地说明了思维定式现象。大学生们事先得到了观察对象的不同身份，于是形成思维定式，在对照片进行描述时便产生了不同的心理倾向。日常生活中，人们在对陌生人形成最初印象时，定式效应的作用往往特别明显。

人们之所以容易形成定式思维，通常有以下几方面的原因：陷入单维度思维方式，缺乏灵活变通的能力，难于突破自我局限性；经验主义者更容易陷入定式思维。虽说丰富的经验可以帮助我们快速决策，少走错路，但凡事均有利弊，若只注重经验，而忽略迭代更新，就会出现旧经验无法适应新路线的情况。

要想打破思维定式，就要敢于打破常规，敢于否定自己。我们日常工作生活可能已经形成了一套思维习惯，这种习惯容易把我们带入固定的思维轨道。要想突破思维定式，首先要敢于否定自己；经验和阅历匮乏会限制人们的想象力，扩展知识面打破认知边界，有利于打破思维定式的怪圈；尝试从不同角度思考问题，打破禁锢思维的墙，让思维活跃起来，避免陷入固定的模式，一条道走到黑。

然而，定式效应并非一无是处。比如我们背熟了乘法口诀后，看到个位数相乘，就能直接说出答案。像这样在客观事物、客观环境相对不变的情况下，定式效应能帮助我们对人和事物更迅速、更有效地做出决策。

无论是思考和解决问题，还是在与人交往的过程中，我们都要对定式效应有一个客观的认识，在发挥其积极作用的同时，要尽量避免定式思维的负面效应。

过度理由效应：不给糖果，谁还给你叫

查理在工作上遇到了一些挫折，心情沮丧，决定回乡下休养一段时间。

乡下空气清新，查理的压力释放了不少。唯一让他不满的是，他住的屋子前面是个小操场，中午午睡时间，总有一群调皮的孩子在吵闹。

后来，查理想出了一个好主意。

查理拿出一把糖果，对孩子们说："谁叫的声音大，我就把糖果给谁！"

接连好几天，查理都根据孩子们叫声的大小，给孩子们不同数量的糖果。

随后，查理逐渐减少对孩子们奖励糖果的数量，直到无论孩子们怎么叫，查理一粒糖果也不给他们。

"不给糖果，谁还给你叫？"孩子们觉得受到了不公平待遇，于是，谁也不肯大声吵闹了。

🎤 趣味点评

孩子们吵闹时，查理就给孩子们糖果当作奖励。渐渐地，孩子们就给吵闹行为找了个理由：吵闹是为了得到糖果。当查理不再给孩子们糖果的时候，孩子们认为吵闹没有得到奖励，所以就不愿意吵闹了，这就是"过度理由效应"。

心理学解读

"过度理由效应",是指人们力图使自己的行为看起来合理,而为行为寻找理由,并且在寻找行为原因的时候,总是先找那些显而易见的外在原因。当外部原因足以解释行为的时候,人们一般就不再去寻找深层次的原因。

过度理由效应是从社会心理学家费斯廷格的"认识不协调理论"衍生出来的概念。认识不协调理论认为:如果人们的一种行为本来有充分的内在理由,比如兴趣支持,这时候人们对于行为与其理由的认知是协调的。这时候,如果给予具有更大吸引力的刺激,比如金钱奖励等,给人们的行为额外增加"过度"的理由,那么,人们对于自己行为的解释,就会转向这些更有吸引力的外部理由,而减少或放弃采用原有的内在理由。此时,人们的行为就从原来的内部控制转向外部控制。如果外在理由不再存在,比如不再提供金钱奖励,人们的行为就失去了理由,从而倾向于终止这种行为,这就是过度理由效应。

过度理由效应告诉我们:如果我们希望某种行为得到保持,就尽量避免给它过于充分的外部理由。比如,孩子考试成绩不好时,家长总是习惯说:"只要你这次考试得了第一名,我就给你买玩具车,带你去游乐园!"这时候,孩子为了得到玩具车和去游乐园,可能就会努力学习,最终考出了第一名的好成绩。但是,接下来,如果家长不再许诺给孩子买玩具,不再带他去游乐园,也就是说,当外部理由不存在时,孩子可能就会停止努力学习这种行为。由此我们应看到,激励是一种策略,我们要尽量避免物质刺激这样的外在支持,而要进行一定的精神开导和鼓励,激发其内在的动力。

过度理由效应也让我们明白，当我们为自己或者别人的行为寻找合理的原因时，不要止步于任何外部理由，而要深入发掘内部理由。

有个小女孩和母亲吵架后，离家出走了。女孩在街上游荡了一整天，傍晚，她饥肠辘辘，但身无分文，只得看着一个馄饨摊儿直流口水。卖馄饨的阿姨留意了女孩很久，她看出了女孩很饿，就煮了一碗馄饨放在桌子上，招手让女孩过来吃馄饨。女孩儿狼吞虎咽地吃完了馄饨，感激涕零地对阿姨连声道谢。阿姨意味深长地对女孩说："我才给你煮了一碗馄饨，你就对我说这么感激。你母亲把你养这么大，她为你煮了多少年的饭，你对她说过谢谢吗？"阿姨的话顿时让女孩羞愧不已，她回家主动跟母亲道了歉，感谢母亲对自己的养育之恩。

很多时候，我们就像那个女孩一样，家人为我们洗衣做饭，我们都认为是理所应当的。而当外人给我们一点点帮助时，我们就会感激涕零。这是因为，当我们理解家人照顾我们的行为时，我们可能仅止步于外部原因，认为家人这样做是他们的责任。只有当我们深入挖掘家人这种行为背后的内部原因，我们就会发现，家人为我们的付出是因为爱和关心。这样，我们就不会认为家人的行为是理所当然的，就会对家人的付出心怀感激之情。

旁观者效应：能把我的大衣捎到城里吗

鲍勃的汽车在偏僻的公路上抛锚了，他是个内向的人，羞于向陌生人求救。

鲍勃拿着一个写着"求助"的纸牌站在路边，希望有人能把他捎回城里。可是，好几个小时过去了，汽车来来往往，却没有司机肯停下车来帮助他。

眼看着天快黑了，鲍勃鼓起勇气，抬手拦住了一辆轿车。

司机摇下车窗问鲍勃："年轻人，怎么了？"

"你能把我的大衣捎回城里去吗？"鲍勃红着脸问司机。

司机说："当然可以，可是，到了城里，我怎么把大衣还给你？"

司机的热情打消了鲍勃的顾虑，他高兴地说："这个简单，我可以和我的大衣一起回城！"

🎤 趣味点评

鲍勃拿着"求助"的纸牌请求帮助时，他是向路过的司机群体求救的，此时没有司机回应他的求助。鲍勃挥手拦住一辆轿车时，轿车司机热情地答应了鲍勃的求助。鲍勃这样面向群体求助没有得到回应，向群体中的个体求助得到帮助的现象，就是"旁观者效应"。

心理学解读

"旁观者效应"也称为"责任分散效应"，是指对某一件事来说，如果明确要求个体单独完成任务，个人责任感更强，会做出积极的反应。但如果要求一个群体共同完成任务，群体中个体的责任感就会减弱，在责任和苦难面前往往就会退缩。

以色列心理学家格雷格·巴荣，曾向特克尼恩技术学院的 240 个人发了一封电子邮件，询问该学院是否有生物系。格雷格·巴荣发邮件时，他向一半人用邮件组的形式群发，向另一组人则单独发送。结果，单独发送的邮件中有 64% 的人回了信，其中有 1/3 的人进行了详细解答；用邮件组群发的邮件中只有 50% 的人回了信，其中只有 16% 的人给出了比较详尽的答案。因为当他们收到信时，发现许多人都收到了这封邮件，他们就以为其他人会回复邮件，从而忽视了这封信。

格雷格·巴荣把这种现象和许多犯罪现场的旁观者联系起来，当有其他人在现场的时候，人们进行干预的责任感会减弱，便形成了旁观者效应。

旁观者效应产生的原因有以下两方面。

1. 责任分散

当责任落到单独个体身上时候，他负担的就是全部责任。当是集体责任时，责任感就会被分散成很多份，分到到每个人身上的责任就会被削弱。这就是旁观者数量越多，求助者得到帮助的可能性就越小的主要原因。

2. 社会从众心理

在群体中，每个个体都有一种模仿他人的倾向，紧急情况下这种从众心理会更为明显。这就是发生事故时，大家都会心照不宣地做旁观者的原因。

为了减少旁观者效应带来的负面影响，当我们作为求救者，要想得到别人的帮助，我们就要选定单独的个体求救，因为这时我们将情况变为单独个体的责任，被求救个体承担的是全部责任；当我们是旁观者时，要主动为被求救者提供帮助，避免产生推卸责任的心理，认为自己不出手别人也会帮忙，因为别人可能也会这么想。

乡村维纳斯效应：皇帝的金扁担

两位挑夫干活干累了，就坐在路边休息。

两个人聊天时，一位挑夫突发奇想，问他的同伴说："皇帝一定是这个世界上最快活的人，你说，他用什么挑东西呢？"

另一外挑夫回答说："那还用问吗？皇帝那么富有，他挑东西一定用金扁担。"

🎙️ 趣味点评

挑夫见识有限，思维受到禁锢，他们以为皇帝和他们一样，也要挑东西，不过用的是金扁担而已。挑夫的这种认知，就是"乡村维纳斯效应"的思维模式。

🏛️ 心理学解读

"乡村维纳斯效应"，指的是在偏僻的乡村，村民没见过世面，就把村里最漂亮的姑娘当作维纳斯，认为她是世界上最美的人。

乡村维纳斯效应是常见的一种狭隘看待事物的消极心理效应，比喻人们在认识事物时，由于受到自我满足思维和定向思维的约束，一旦接受了一个与事实相符的解释，往往就无法想象还会有其他更好的解释。

邻居王姨做的各种酱菜都非常好吃，她女儿开始读书后，家里的开销渐渐增大，王姨就在镇上摆小摊卖酱菜。十几年过去了，王姨的女儿大学毕业后，在南方的一家食品公司工作。公司老板无意间尝到了王姨给女儿邮寄的酱菜，就想和王姨合作，把酱菜批量生产推广出去。王姨却死活不愿意和老板合作，她想："我每天卖酱菜稳赚成百块呢，跟他合作，万一他生意赔了，我不得跟着他赔钱啊！"

后来王姨生了一场病，再也做不动酱菜了，她女儿趁着请假回来照顾母亲，跟母亲学会了酱菜的制作方法，还根据南方人的口味，对配方做了适当调整。王姨女儿回去上班后，就和老板合作开发了酱菜系列，产品进入市场后非常受欢迎，她因此赚到了人生中第一桶金。

王姨满足于自己每天卖酱菜收入成百块的现状，而不愿意跟食品厂老板合作，这就是维纳斯效应的表现。王姨女儿眼界宽、见识广，她敏锐地抓住了商机，突破了维纳斯效应带来的负面影响，让事业得到了更好的发展。

维纳斯效应形成的原因，往往是缘于人们自我满足的心态所致。人们在认识世界时，当某个问题有了合乎逻辑的解释，就把它当作正确的解释，于是产生了自我满足感，就不想再去寻找更符合逻辑的解释，这种自我满足的心态，直接禁锢了人们的思维。人们在感知事物时，往往会受到已有的经验与知识的影响，无法想象认知结构之外的事物，因而容易满足于现状，满足于自我欣赏，缺少向外寻求更好解释的兴致和欲望。

乡村维纳斯效应是一种坐井观天式的消极心理效应，只有学习新知识，努力接受新事物，才能有效避免这种心理效应给我们带来的消极影响。

角色效应：上帝的自画像

一天，爱因斯坦到天堂旅游，他在天堂穹顶的中央，看到一个巨大的头像。

爱因斯坦仔细看了一下，发现那幅头像很像自己，他诧异地问身边的天使："这是我的头像吧？是谁把我的头像挂在这儿了呢？"

天使回答说："先生，你错了！那是上帝的自画像，他喜欢把自己画成爱因斯坦。"

🎙 趣味点评

上帝把自己画成爱因斯坦，觉得能让自己看起来很有智慧，这就是"角色效应"的一种典型表现。

🏛 心理学解读

现实生活中，人们以不同的社会角色参加活动，这种因角色不同而引起的心理或行为的变化被称为"角色效应"。

举个例子来说。一个中年男人，他在公司可能是老板，那么他管理员工时要有威严，和客户洽谈业务时要友好真诚；应酬的饭局上，男人宴请别人时他就是东道主，要热情主动招呼宾客。要是被别人宴请，那他就是客人，就不能喧宾夺主；男人回到家，作为丈夫，对老婆要温柔体贴，时不时还要制造小浪漫；作为父亲，他要有耐心陪孩子玩耍，还要承担抚育孩子的责任，让孩子健康茁壮地成长；作为儿子，他要孝顺父母，承担起赡养老人的责任……一个人在社会中要扮演很多角色，随着角色的转换，他的心理和行为都要发生一系列的变化。

在很大程度上，一个人的心理和行为特点会受到"角色"的影响。也就是说，当他被定义为什么角色时，他的心理和行为就会向着这个角色的方向发展。

美国心理学家津巴多曾经做过一个经典的模拟实验：他首先录取了一批大学生志愿者，随后，他随机地把这些志愿者分成"犯人"组和"看守"组。这些学生很快就进入了所扮演的角色——"看守"组的人显示出虐待狂病态人格，而"囚犯"组的人显示出极端被动和沮丧的人格特征。这个实验原计划进行两周，可是才第六天，就有好几个"囚犯"要求被释放，因为他们的情感受到了创伤，几近崩溃边缘。

以津巴多的实验为例，让我们来看看角色效应的产生所经历的三个过程：一是社会和他人对角色的期待，"犯人"组和"看守"组的大学生，分别被津巴多打上了相应的标签，是津巴多期待的结果；二是对自己扮演的社会角色的认知，"犯人"组的大学生对"犯人"的认知，就是犯了错误接受管理教育，服从"看守"的管理。"看守"组大学生对"看守"的认知就是发号施令，对"犯人"进行监督和管教；三是在角色期望和角色认知的基础上，通过具体的角色规范，实现角色期待和角色行为。参加实验的两组大学生，"看守"组最终表现出具有虐待倾向，以及"犯人"组表现出被动和沮丧的特征，都是建立在津巴多对他们的角色期待，以及他们对"看守"和"犯人"角色的认知基础上的。

角色效应会对人们造成巨大的影响，我们要努力去争取那些使自己积极进步的角色。当我们不得不处于一个消极负面的角色时，要竭力让头脑保持清醒，避免被角色操纵了自己的行为。

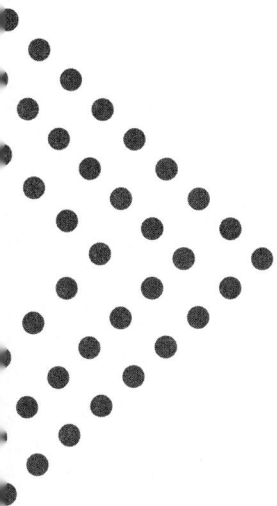

第四章　社交篇

洞察人性，掌握人际交往的主动权

印象管理：你让我用打火机剔牙吗

小王第一次跟着女朋友回家拜见家长，见到未来的岳父母时，他感到特别紧张。

小王见未来岳父拿出了一根火柴，他为了表现一下，给对方留下一个机灵的好印象，立即掏出打火机打着火递了过去。

未来岳父看了看小王手里的打火机，问道："你是让我用打火机剔牙吗？"

🎤 趣味点评

小王看到未来岳父拿起火柴，以为他要点烟，为了讨好未来岳父，他就掏出打火机想帮他点烟，结果却是会错了意，对方拿火柴不是为了点烟，而是为了剔牙。小王这种为了给未来岳父留下好印象，主动点烟讨好对方的行为，就属于社交心理学中的"印象管理"。

🏛 心理学解读

"印象管理"，是指人们试图管理和控制他人对自己形成印象的过程。印象管理使人们能够有效控制自己的社会行为，从而使别人感到满意。恰当的印象管理是人际交往的润滑剂，可以使交往顺畅地继续下去。

印象管理主要有以下两种基本形式。

1. 自我表现

个体通过自我美化，来增加自己在别人眼中的吸引力。比如，男孩相亲之前，精心地挑选得体的服饰搭配；男孩见到相亲对象时，竭力表现得温柔体贴、大方有礼。这些都是男孩通过美化自己，提高自己吸引力的自我表现。

2. 自我行动

是指个体为采取投他人所好的言行举止而进行的印象管理，简单地说，就是通过各种途径努力讨好别人，给别人留下好印象。比如男孩见到相亲对象后，被女孩的外貌和气质打动，对女孩一见钟情。这时，男孩可能就会主动请女孩看电影，看完电影送女孩回家，隔天还会请女孩吃饭，给女孩送礼物……这样通过具体的行动讨好迎合别人，使别人对自己感到满意，就属于自我行动式的印象管理。

此外，保持形象一致性，也是进行印象管理的一种形式。简单地说，就是一个人在进行印象管理时，为了保持形象的一致性，在答应了对方的一个要求后，会继续答应对方提出的一些比较过分的要求。我们可以利用这种心理，达到我们想实现的目的。

比如，一位榨汁机推销员敲开一户人家的大门，他直接对开门的主妇说，他想要进屋让对方体验一下榨汁机的功能，这样的措辞往往会被主妇拒绝。这时候，如果推销员拿出纸笔，让主妇站在门口帮忙填写一份关于榨汁机的调查表，这个要求和进屋让主妇体验榨汁机功能的要求比起来，比较容易实现。主妇如果答应了填写调查表，推销员趁机再提出进屋的要求，这时候实现目标的几率将大大提高。因为主妇已经接受了推销员的第一个要求，为保持形象的一致性，她很可能答应销售员提出的体验榨汁机功能的要求。

　　印象管理作为社会交往的一种工具或者手段，它可以调节人际关系，使交往顺畅地进行。然而，过分的印象管理可能会使自己失去个性，也可能由于把自己包装得过于严实，而无法与对方坦诚相见，甚至让对方对自己产生一种虚伪的印象。可见，只有合理的印象管理，才有助于为我们营造良好的人际氛围。

瀑布心理效应：没关系，打碎的餐具是套便宜货

露丝去丽莎家做客，一不小心打碎了一个盘子。

丽莎担心露丝不好意思，就安慰她说："没关系，你打碎的餐具是套便宜货，我早就不喜欢它了。"

露丝听了丽莎的话，脸上的表情有些尴尬。

老公悄悄扯了扯丽莎的衣角，压低声音说："那套餐具，是露丝送给我们的结婚礼物……"

🎙️ 趣味点评

丽莎说露丝打碎的盘子是便宜货，而且自己早就不喜欢它了，她的本意是想安慰露丝，但是她忽略了这套盘子是露丝送给她的结婚礼物。丽莎说的话，让露丝陷入了尴尬之中。这种说者无心，却让听者感觉特别不自在的现象，就是"瀑布心理效应"。

🗼 心理学解读

一个人随口说的一句话，却让别人感觉很不自在，有点"一石激起千层浪"的意味，心理学上称这种现象为"瀑布心理效应"。简单地说，就是信息发出者的心理比较平静，但传出的信息被对方接收后却引起了不平静的心理，从而导致态度行为的变化等，这种心理效应现象就像瀑

布一样，上面平静舒缓，落下后却溅花腾雾般引起了惊涛骇浪。

在人际交往中，我们经常会遇到这样的情况：我们跟人交谈时，不经意说的一句话，却让对方感觉非常不舒服。其实我们根本不是那个意思，但对方却听出了"弦外之音"。简单地说，就是"说者无心，听者有意。"我们有口无心的话，可能会伤到别人。如果对方是家人或者要好的朋友，他们可以谅解我们的无心之过。但如果对方是上司、客户或者同事，那么，我们就可能丢掉一份工作、失去一笔订单，或者让自己陷入紧张的人际关系之中。

王姐是公司里的老员工，经验丰富、资历深厚，上司有意派她去分公司担任领导职务。王姐升职看似是板上钉钉的事情，然而，人事任命的红头文件发下来后，被派往分公司担任领导职务的却是另外一个各方面条件都不如王姐的同事。

王姐气不过，去找上司理论，却被上司一句"工作需要"给轻飘飘地打发了。王姐气愤不已，思来想去也不明白问题到底出在哪里。直到后来，王姐无意间听说，上司的儿子高考落榜，正在寻找适合复读的学校，这时她才恍然大悟，明白了自己错在了什么地方。

原来，王姐的女儿今年刚考上北京一所重点大学。王姐收到通知书后，她恨不能把这消息昭告天下。那些天，她逮住机会就跟上司和同事炫耀一番……可王姐对上司的家庭情况不太了解，她根本不知道上司的儿子今年高考落榜了。

上司的儿子高考落榜了，王姐却跟他不停炫耀自己女儿考上重点大学，也难怪上司会生王姐的气。由此可见，要避免自己无意间的一句话引起强烈的瀑布心理效应，这就要求我们在谈话前，了解对方的情况，比如对方当前的情绪状态，以及性格、习惯、谈话禁忌等，便于我们在谈话时把握分寸。

在人际交往中，要想避免一句话引起瀑布心理效应，说话时应该懂得言多必失这个道理，特别是在一些比较重要和正式的场合，要尽量少说多听，要懂得揣摩别人的心思，避免说出一些尖酸刻薄的话。

此外，还应注意说话不能狭隘偏激。在与人沟通交流时，难免会出现双方观点不一致的时候。这时候我们要学会倾听，如果听到对方提出不同意见后，我们就插话打断别人的话，并把自己的观点强加于人，这样做不利于建立良好的沟通环境，很容易破坏自己的社交关系。

变色龙效应：累瘫在门口的快递员

老李养了一只鹦鹉，无论老李怎样调教鹦鹉，这只鹦鹉却只会说一句话"谁啊"。

有一天，老王上班去了，有个送快递的上来敲门。

鹦鹉在屋内说："谁啊?"

快递员回答："送快递的。"

鹦鹉又在屋内说："谁啊?"

快递员只得回答："送快递的!"

就这样一问一答，快递员累瘫在了门口。

老王下班回来，见门口瘫坐着一个人，就问："谁啊?"

只听鹦鹉在屋内说："送快递的!"

🎤 趣味点评

鹦鹉经过和快递员的几轮对话后，它无意识地模仿了快递员说的话，这就是"变色龙效应"。

🏛 心理学解读

"变色龙效应"又称"无意识模仿"，是指人们在社会交流时会无意识地模仿对方的一些动作、表情和行为方式。

心理学家巴奇和查特朗做了一个实验：他们让 78 名被试者在房间里坐下来，分别与一名实验者进行交谈。在交谈的时候，实验者故意做出一些动作，比如频繁地用手接触面部、露出更多的笑容、脚部不停地摆动等。结果发现，被试者们确实会不经意地模仿实验者的动作。心理学家发现，在所有的被试者中，用手接触面部的比例上升了 20%，脚部摆动的比例上升了 50%。

接下来，巴奇和查特朗便想验证，模仿是否能增进彼此好感的观点。为此，他们又做了第二个实验：他们安排上述 78 名被试者，在另外一个房间与另一名陌生的实验者进行交谈。在交谈的过程中，实验者主动模仿部分被试者的肢体语言。交谈结束后，巴奇和查特朗让被试者对实验者的好感度和交流的顺利程度做出评价。结果显示，针对好感度和交流顺利程度两个方面，被模仿者给实验者打出了 6.62 和 6.76 的平均分数，而未被模仿者提供的平均分数只有 5.91 和 6.02。实验结果说明，人们的确更喜欢那些模仿自己身体语言的人。

心理学家的实验表明，很大一部分人在交谈中，会不自觉地模仿对方的身体语言。而且人们还会从这种模仿行为中受益，因为人们倾向于喜欢那些模仿自己的人。

如果有人模仿我们的动作或者姿势，我们往往会更喜欢他们。不过值得注意的是，这种模仿不能刻意或者明目张胆，否则就可能会引起反感。我们要想通过模仿别人，获得对方的好感，就要尽量在对方感觉不到的情况下，不着痕迹地去模仿。

我们模仿别人时，模仿对方的动作和语气是很有必要的。我们可以从最基本的沟通做起，在口语语言和肢体语言上，如果和对方保持相似，就容易提高对方对我们的好感度；我们还可以在情绪和行为上，积极地用与对方相同的方式回应对方。比如对方对我们微笑时，我们要及时地用微笑回应对方，对方伸出手想握手表示友好，我们也要及时地伸手给出回应。

　　恰如其分地模仿，就是对他人最真诚的赞美。当然，从模仿对方赢得好感，到建立起比较稳固的友好关系，需要一个循序渐进的过程，如果操之过急，可能会产生适得其反的效果。

社会背景效应：利用总统卖滞销书

一位作家好不容易出了一本书，却卖不出去，情急之下他想出了一个好主意。

作家给总统送了一本，并恳求总统提意见，总统随口应付道："这书不错。"

作家随即大做广告："这是一本总统喜欢的书！"，还把总统说的那句"这书不错"印在了封面上，随即这些书被一抢而空。

作家很快出了第二本书，他又打了总统的主意。作家又给总统送了一本书，总统上次被作家利用了，心里很不爽，于是他说："这书糟透了！"

紧接着，作家又大肆做广告："这是一本总统讨厌的书！"人们觉得好奇，想知道总统讨厌的书是什么样子，因此争相购书。就这样，作者的书又大卖了！

作家出版了第三本书，照例送了一本给总统。有了前车之鉴，总统这次干脆闭口不言。

而作家这次做的广告是："这是一本总统也难以评价的书。"结果，书又被抢光了！

🎙 趣味点评

作家借总统的名气来为自己的书做宣传。本来一本很普通的书，因为总统随口一句评价而变成了热销书。因为总统是万众瞩目的人物，他的一举一动、一言一行都会被大众所注意，作家大发其财，利用的正是"社会背景效应"。

🏛 心理学解读

社会背景效应是一种很常见的心理反应。就像我们平常看到的佛像，在背景上都有一层光环，给人一种神秘感和庄严感，它被叫作"后光力量"或"背景力量"。在生活中，评价一个人时，人们会自然而然地结合这个人的社会背景，比如他的工作收入、家庭环境、社会地位等。在心理学上，这种社会心理现象被称为"社会背景效应"。

一个人社会背景如果比较理想，就算是和别人初次交往，一般也能顺利进行。如果一个人的社会背景不太理想，人们与他交往时，就会有所戒备或顾忌，从而影响交往的顺利进行。

社会背景对于很多年轻人来说，好像可望不可即。年轻人可能会有一些疑问："我就是一个普通人，哪有什么机会认识有社会地位的人啊？""我倒是想认识几个名人，但谁会理我呀？"其实，我们大多数人都出身平平，不过，我们可以努力为自己争取"社会背景"。

小董是公司的业务员，她去一家养老公寓推销一款老年人产品，去了好几次都被拒之门外。小董不甘心，她决定再去老年公寓尝试一次。她走进大院时，离老年公寓的办公人员上班时间还有十几分钟，于是她就坐在绿化区的石凳上，等待工作人员上班。

这时候，一个正在栽花的园林工人，突然剧烈地咳嗽起来。小董走过去，帮老人拍着后背，等老人咳嗽好一些了，就拿出自己的水杯，让老人喝口热水，暖一暖身子。随后，小董扶着老人在凳子上坐下来，两个人就聊了起来。当小董说起自己推销产品吃了闭门羹时，老人详细地询问了她的产品后，拍着胸脯说："我觉得这家老年公寓非常需要你们的产品。"

至于结果，相信大家可能都猜到了，这家老年公寓就是老人投资建成的，他就是幕后大老板，而且，他还投资了其他两家老年公寓。最终，老人的三家老年公寓，都和小董建立了合作关系。

小董无意间一个饱含爱意的举动，帮她结识了"社会背景强大"的老人。由此可见，社会背景并不是"投胎小能手"的专利产品，它是可以靠着自己的努力，去经营去发展的。

懂得经营关系，给自己的背后放一个大大的光环，更容易让自己脱颖而出。而真诚和善良往往是敲开"社会背景"这扇大门的敲门砖，如果想靠着阿谀奉承、偷奸取巧获得人脉，结局往往是竹篮打水一场空。

名片效应：真是缘分啊，我们住在同一栋楼

酒吧里，两个醉汉摇摇晃晃地打起了招呼。

甲问乙："你贵姓啊？"

乙回答："我姓李啊。"

甲高兴地说："我也姓李，咱们喝一杯！"

甲问乙："你住在哪里啊？"

乙说："我住在城东区呢。"

甲说："哎呀，太巧了，我也住在城东区！你住在哪个小区啊？"

乙说："我住在'幸福家园'1号楼哇。"

甲哈哈大笑起来："真是缘分啊，我们住在同一栋楼……"

这时，酒吧老板拿起电话说："老李啊，你两个儿子又喝多了，你过来把他们接走吧！"

🎤 趣味点评

在人际交往中，相同的姓氏，住同一个小区，这些信息就像"名片"一样，能迅速拉近彼此的距离，帮助我们建立良好的社交关系。这就是心理学中的"名片效应"。

心理学解读

"名片效应"是由苏联心理学专家纳季拉什维利提出来的。它指的是，在与人交往时，如果首先表明自己与对方的态度和价值观相同，就会使对方感觉到你与他有更多的相似性，从而很快地缩小与你的心理距离，有助于形成良好的人际关系。在这里，有意识、有目的地向对方表明你的态度和观点，就如同名片一样把你介绍给对方。

恰当地使用"心理名片"，可以尽快促成人际关系的建立。要想利用好名片效应，就要先"制作"一张有效的"心理名片"。其次，寻找时机，恰到好处地向对方"出示"你的"心理名片"。掌握"心理名片"的应用艺术，对于人际交往以及处理人际关系具有很大的实用价值。

关于名片效应，心理学上有个实验。实验者让一些女性被试者品尝几种不同的饮料，并且让她们从一个房间逐渐转移到另一个房间。这些女性被试者在转移的过程中，会"无意"地碰到另外5个陌生的女人。实验要求，被试者不能和她们遇到的任何人有聊天或者其他交往行为。5位陌生女人露面的次数有的多、有的少。随后，让被试者回答她们喜欢哪一位陌生女人。结果发现，被试者的喜欢程度受对方露面次数的影响：最喜欢出现了10次的，较喜欢出现了5次的，较不喜欢出现了1次的。

这个实验间接反映了名片效应的作用，如果我们把实验中的"面容"改为"名片"的话，就会发现"名片效应"在我们的日常生活中起着关键性的作用。

阿萍经营着一个小店，卖一些年轻人喜欢的小玩意儿。她说自己深入地研究了一些星座知识，和顾客打交道时，她利用"星座"这个话题，往往能与顾客进行良好的沟通，如果对方碰巧和自己同一星座，那话题简直如滔滔江水，连绵不绝。当然了，生意成交的机会也会得到大大提高。

很多销售人员在与客户攀谈中，喜欢询问别人老家在哪里、毕业于哪所大学、兴趣爱好如何，老公是做哪一行的、父母是做什么的。在这些问题中，销售人员通常能够找到和对方建立话题的突破口，一旦找到相同的话题，一下子就拉进了彼此的距离。

我们使用名片效应去跟别人交往时，需要注意以下两个方面的问题。

派发"名片"前，最好先捕捉一下对方的信息。比如，我们可以观察一下对方的衣着打扮、饮食习惯等方面是否有特别之处，便于利用相关内容让对方打开话匣子；我们也可以先说一些自己感兴趣并且比较了解的内容，然后探寻对方的看法或意见，从对方的回答中捕捉有用的信息；此外，向对方展示自己的"名片"时，要寻找合适的机会。通常来说，选在聚餐这样气氛比较轻松的场合来展示自己的名片，往往会达到更好的效果。

态度效应：萧伯纳请丘吉尔看戏

萧伯纳的《巴巴拉少校》首演的时候，他给丘吉尔寄去两张戏票，并附上一封信："送您两张首演票，来看我的戏吧，您可以再带一个朋友，如果您有朋友的话。"

丘吉尔立刻回信说："我很忙，首演那天没时间，但我将会去看第二场，如果您的戏会演第二场的话。"

🎙 趣味点评

萧伯纳讽刺丘吉尔没有朋友，丘吉尔讽刺萧伯纳的戏很烂。两个人针锋相对，就像你打我一拳头，我踢你一脚。萧伯纳的态度，得到了丘吉尔同样的回应，这就是"态度效应"。

🏛 心理学解读

"态度效应"指的是人际交往中，你对别人友好，别人会同样以友好回报你。交往对象好像一面镜子，你对他笑，他也会对你笑。笑与不笑，取决于我们的态度，这种态度决定我们的人际关系，甚至决定着我们的人生成败。

心理学和动物学专家做过一个有趣的实验：他们把两只猩猩，分别放在两间墙壁上镶嵌着许多镜子的房间里。一只猩猩性情温顺，它走进镶嵌着镜子的房间后，看到镜子里面有许多猩猩，它觉得这些猩猩在友好地欢迎自己的到来。于是，这只猩猩很快地和这个新的"群体"友好相处，它们奔跑嬉戏、关系和睦融洽。三天后，当实验人员把这只猩猩从房间带出去时，它还对房间里的"同伴"恋恋不舍；另一只猩猩则性格暴烈，它从进入房间的那一刻起，就被镜子里面的"同类"那可恶的态度激怒了，于是，它与这个新的"群体"进行着无休止的追逐和厮斗。三天后，这只性格暴烈的猩猩因气急败坏、心力交瘁而亡。

在一栋单元楼里，有两家上下楼的邻居，因为噪声问题闹得不可开交。楼上老太太家有两个小孙子，小孩子难免会跑来跑去吵吵闹闹，时不时就把玩具摔在地上，弄出很大声响。楼下老太太睡眠不好，午休或者晚上睡觉时，常被楼上的动静惊醒无法入眠。最终，楼下老太太忍无可忍，冲到楼上砸开门，和楼上老太太大吵了一架。

楼上老太太本来觉得理亏，可是被楼下老太太骂了一顿后，她干脆也加入"制造噪声"的队伍，故意弄出一些噪声来。楼下老太太气不过，干脆整晚不睡觉，拿着一根棍子捅天花板，弄出很大的动静。那段时间两个老太太闹得不可开交。

后来，经物业人员耐心开导后，楼上老太太意识到了自己的错误，她在家里铺上了厚厚的地毯，大大地减少了噪声，并且主动向楼下老太太道了歉。楼下的老太太也承认了自己的错误，说不该特意制造噪声，也不该跟楼上老太太吵。一场旷日持久的闹剧，这才落下了帷幕。

俗话说："你想别人怎么待你，你就要怎样对待别人。"实验中的两个猩猩，和因噪声问题闹得面红耳赤的两个老太太，这都是对态度效应最好的阐释。

影响社交质量的原因有很多，态度是最重要的原因之一。我们以什么态度对待社交对象，将直接影响到交际结果。我们在与人交往时，首先一定要摆正态度。

在与人交流时，我们要避免受到其他情绪的影响。比如，我们刚和同事因为一件小事情吵了一架，这时候去见客户，一定要放下不好的情绪，避免把不好的情绪不自觉地发泄到客户身上，从而造成不好的结果。

此外，还应当学会充分利用说话的方式和技巧，提升社交质量。如果用一种对方比较喜欢或者容易接受的方式，把我们想要表达的内容表达出来，以这种态度对待社交对象，往往会起到事半功倍的效果。

保留面子效应：丘吉尔拿银汤匙

英国女王宴请宾客，宴会场面极为奢华，用的餐具都是银质的。

一位酋长趁人不注意，把一只银汤匙装进了自己兜里。这一幕，正好被坐在旁边的丘吉尔看到了。

丘吉尔这时也拿起一把银汤匙，放在了自己的口袋里。过了一会儿，丘吉尔伏在酋长耳边说："刚才我们拿汤匙的时候，被人发现了……我们还是放回去吧！"

丘吉尔掏出汤匙放在了餐桌上，酋长红着脸，也从兜里掏出了汤匙。

🎤 趣味点评

丘吉尔发现酋长偷了宴会上的银汤匙，他并没有当众指出酋长的不文明行为，而是巧妙利用"保留面子效应"，既让酋长意识到并改正了自己的错误行为，同时又巧妙地维护了酋长的面子。这样一来，酋长不但不会记恨丘吉尔揭穿了他，反而会对他心生感激。

🏛 心理学解读

在心理学中，人们把由于保全他人的面子而产生的心理积极变化的现象，称之为"保留面子效应"。简单地说，就是当某人犯了错误本应该得到批评和责罚，对方为了保全这个人的面子，不给予批评和责罚，这个人为了感激对方，就会产生一些积极的心理变化。

很多时候，当对方出现错误时，维护对方的面子，比劈头盖脸地批评和惩罚对方会起到更好的效果。

华纳梅克是美国费城一家商场的经理。有一次，他在商场巡视时，发现几个店员站在柜台的一角聊天，有个顾客在柜台前站了许久，也没有店员过来为顾客服务。华纳梅克看到后，他走进柜台接待了那位顾客，把顾客要买的东西交给了售货员去打包，然后就离开了柜台。华纳梅克没有批评处罚那几个店员，维护了店员的面子，这让店员们觉得很惭愧。她们主动跟华纳梅克保证，在以后的工作中再不会出现此类情况。

心理学家认为，"保留面子效应"的产生，源于人们内心深处的内疚感。我们可以巧妙地利用这种心理效应，帮我们实现一些目标。

杜杜的结婚纪念日到了，她跟老公说想去欧洲旅行，费用大概是几万块。小两口都是工薪阶层，每个月还要还房贷车贷，可想而知，杜杜的老公想也没想就否定了杜杜的想法。这时候，杜杜打开购物软件，想让老公给她买一件两千多块钱的连衣裙，她老公几乎没有犹豫，就痛快地答应了她的要求。杜杜捂着嘴偷偷地笑了，其实她也知道去欧洲旅行根本就是一种奢望，她的真实意图，其实就是想让老公给她买那件连衣裙。

心理学家认为，当人们拒绝对方一个比较大的要求时，会觉得内疚，不好意思，甚至觉得损害了自己的面子和形象。这时候，为了挽留自己的形象，也为了给对方一个面子，可能就会答应对方接着提出来的比较小的要求。

工作和生活中，很多事情都利用了"保留面子效应"：上司欲将一项比较复杂的工作交给下属，担心下属会拒绝，便假意让他完成另一件更为艰巨的工作。当下属表示很难完成那项艰巨的工作时，上司再将那件比较复杂的工作交给他，下属通常会愉快地接受任务；精明的商人总把商品标出高价，然后再进行"大甩卖"，消费者以为捡到了便宜，便会开心地前去购买。

当然，"保留面子效应"是否会发生效用，关键在于双方的亲密程度，以及一方提出要求的合理程度。如果交往双方对彼此既无责任又无义务，却想让对方答应有损自己利益的事情，就很难实现"保留面子效应"。

跷跷板互惠原则：你是肉比较厚的那一个

两个朋友闹了矛盾，让彼得帮他们评评理。彼得了解了事情的来龙去脉后，觉得这两个人都有不对的地方，他不知道该如何开口。

其中一个朋友说："我能理解你，手心手背都是肉，你也很为难。"

朋友的话让彼得很感动，他回答说："你是肉比较厚的那一个！"

🎤 趣味点评

朋友懂得为彼得着想，表示理解他的难处，彼得本来想在两个闹矛盾的人之间保持中立的心，顿时就倾向了理解他的那个朋友。朋友投之以桃，彼得报之以李，彼此互惠互利，双方皆大欢喜。

🏛 心理学解读

人与人之间的互动，就如坐跷跷板一样，不能固定某一端高、另一端低，而是要高低交错，只有这样，整个过程才有趣。在人际交往中，一个永远不吃亏的人，即使占了很大便宜，也不会快乐。这种自私的人如同坐在跷跷板的顶端，虽然维持了高高在上的优势位置，但整个人际互动却失去了应有的平衡点，这就是"跷跷板互惠原则"。

有位大学教授做过一个小实验：他从一群素不相识的人中，随机挑选出一些人来，给他们寄去圣诞卡片。他估计可能会有一些回音，但是也没有抱很大的希望。然而，随后发生的一切还是大大出乎了他的意料。如雪花般的回赠卡片被寄了回来。这个实验证明了人际互惠原则在交往行为中所起到的重要作用。

互惠原则作为心理学规则之一，与其尝试打破它，还不如承认它，并想办法扩大它的正面影响。比如，我们需要一个人的帮助时，我们要尽量先给他提供帮助。如果对方不需要帮助，我们可以送些小礼物向对方示好。这样的话，对方就可能以还"人情"的方式，给我们提供帮助。不过，当感觉一个人可能有求于我们，而我们又不想或是不能提供帮助时，就要和他保持距离，不要接受他的恩惠。即使我们需要他人帮助，也尽量不要从对方身上寻求帮助。

如果我们迫不得已接受了一个有求于我们的人的恩惠，而我们又实在不能给对方提供帮助，那么在他向我们提要求之前，我们尽量用另一种方式来偿还。如果接受财物，就以等价财物偿还之；如果接受帮助，就以超额财物偿还给对方。如果对方施与的恩惠是无价的，那么我们就攻其薄弱环节，让他在别的事情上亏欠我们。

总而言之，人际交往中，任何关心、帮助和友好都是一个相互的过程。给予别人帮助，表面上看是一种损失，但在给予的同时，我们也能从对方那里得到我们想要得到的帮助，从而实现互惠互利这一交际目的。

设防心理：奶奶，你还有牙齿吗

公园里，一个老奶奶坐在椅子上，看一帮小朋友玩耍。

一个小女孩突然跑过来问道："奶奶，你还有牙齿吗？"

奶奶摇了摇头说："我老了，牙齿早就掉光了。"

小女孩说："那我就放心了，你帮我拿一下核桃，我要去玩滑滑梯。"

🎙️ 趣味点评

小女孩担心老奶奶吃了她的核桃，这就是一种设防心理。小孩子也有设防心理，由此可见，设防心理是人们与生俱来的一种本能。

🏛️ 心理学解读

在心理学上，"设防心理"是指在两个人独处的时候，我们会有些防范心理。如在人多的时候，我们会感到没有自己的空间，担心自己的随身物品遗失。

关于个人空间问题，有心理学家做过一个很经典的试验：让一个被试者站在一个点上，然后让他人分别从不同方向慢慢地靠近被试者，当被试者感到无法忍受时就喊停。实验结果表明，一般男性的个人空间更大，也就是说男性更不愿意让他人靠得太近。从试验结果来看，这种对他人设防的心理是一种本能，是人在适应社会生活中形成的一种心理防御状态，是人们在和陌生人或者不太了解的人交往时，无意识地产生的一种心理活动。

害人之心不可有，防人之心不可无。每个人都有设防心理，也可以说，每个人心里都有一道心理防线。在心理学中，心理防线就是人的心理承受能力的最低限度。为了在我们的能力范围之内保护好自己，我们都会为自己设一道心理防线。

但是，人际交往是双方互动的，别人可能不会管你的心理防线在哪里，况且别人也有自己的心理防线。所以，平衡好彼此的心理防线，在人际交往中非常重要。

小刘在公司人事部任职，他是个很有想法的人，无论是个人发展还是公司前景规划，他都有比较独特的见解。然而，在公司的例会上，每当上司针对某个问题征求员工意见时，他总是第一个表示上司的意见是完美无缺的。

同事小赵对此感到很不解，他不明白为什么小刘不把自己的真实想法向上司提出来，那些建议明明对公司的发展很有帮助。小刘苦笑了一下，跟小赵讲起了他第一次的工作经历。

小刘刚大学毕业那会，应聘到一家单位上班，他顺利地通过了实习期转了正。有一次老板主持会议，主题是针对近期工作的总结汇报。小刘本着能够给自己的工作带来更大进展和推动力的目的，在会上说了一些关于提高复试效率，留住人才的见解。让小刘没想到的是，老板走后，他的直属领导把他叫到了办公室，劈头就给了他一顿讽刺挖苦。那天以后，小刘的直属领导处处给他找茬，小刘忍无可忍就辞了职。小刘吸取了教训，重新应聘到新公司上班后，就再也不肯在会议上提什么合理化建议。

从心理学上说，小刘的前领导将设防心理设置得太高了，把下属对工作上的合理化建议，理解为对他职权的侵犯。小刘后来去了新公司，便把自己的真实想法包裹起来，不肯再崭露锋芒。

网上流传着这样一个小故事：

一个女人刚搬到新家，晚上突然停电了，她找来蜡烛刚要点燃时，就听到一阵急促的敲门声。女人不耐烦地打开门，看到一个小女孩站在门口问："阿姨，您家有蜡烛吗？"

女人有些不高兴了，心想自己刚搬到这里，对门邻居就让孩子过来借东西，这样下去还得了啊？于是她冷冰冰地回答："我家没有蜡烛。"只听见小女孩把背在身后的双手伸出来，把一根蜡烛递给这个女人："我就知道您家没有蜡烛，我妈妈让我给您送蜡烛来了。"

很多时候，如果我们的心理防线设置得太高的话，不仅会失去发展的机会，也可能会扭曲别人的善意，不利于建立良好的社交关系。我们要把自己的心理防线设置在一个恰当的范围，既能保护自己不受伤害，也不会把自己禁锢隔离起来。

幽默效应：这张纸条只有署名

有一次，林肯演讲的时候突然收到一张纸条。

林肯打开纸条，却发现纸条上只写着"傻瓜"两个字。

林肯微笑着说："我收到过许多匿名信，全部都只有正文，没有署名。而今天的情况却正好相反，这张纸条上只有署名，却没有正文。"

🎤 趣味点评

林肯被人递纸条嘲笑是傻瓜，他没有因此大动干戈，而是利用幽默化解了尴尬，调解了演讲现场的气氛，还巧妙地嘲弄了递纸条的人。在社交场合，幽默是一种智慧和力量。

🗼 心理学解读

在心理学中，"幽默效应"指的是一种防御机制。在人际交往中，我们不可避免地会陷入尴尬的局面，这时，幽默就成了最好的调节剂。幽默作为人们适应环境的工具，是人类面临困境时减轻精神和心理压力的方法之一。我们可以运用一些诙谐的手法，自我解脱，摆脱尴尬的境地，营造出轻松和谐的气氛，从而与他人建立友好的关系。

在一个隆重的宴会上，侍者拿着托盘给客人倒酒，一不小心把一杯酒洒在了一个秃顶客人的头上。客人是宴会上的重要角色，一时间，侍者和周围的人都紧张起来。客人却镇定自若，他拿起纸巾擦拭了头上的酒水，然后微笑着对侍者说："你认为这种方法对治疗我的脱发有效吗？"客人幽默的自嘲，让现场的气氛顿时得到缓解，甚至有人发出了善意的笑声。试想一下，如果客人因此暴跳如雷，他可能就会给别人留下斤斤计较、脾气暴躁的印象，还会把宴会的气氛搞得一团糟，那样就有些得不偿失了。

可见，幽默的确是人际交往过程中的润滑剂，那么，我们如何才能成为一个幽默的人呢？我们可以通过网络、书本等不同媒介，学到很多让自己变得幽默的方法。比如：多看一些最新的段子、笑话、喜剧或电影，尝试培养自己的幽默思维；多和幽默的人聊天，体会他们是如何塑造幽默感的；在日常生活中，多积累幽默的案例和素材，多整理，多思考，不断总结出新的幽默套路等。

然而，如果刻意地学习幽默的套路，那可能成就不了真正的幽默。汪涵曾在一档节目中说："如果你想要变得幽默的话，你不要刻意地去追求幽默感，任何苛求的幽默或者是刻意的搞笑，反而会让人特别的难受。幽默无须苛求，真诚自然就好，你特意去搞笑就失去了原本的意义。"

撒贝宁对幽默也有独到的见解。他认为幽默并不是一个技巧，而是一种生活的态度与方式。只要我们对生活抱着一种乐观、积极的心态，生活自然会变得有趣，幽默感也就自然来了，而我们在遭遇尴尬时就都能找到化解的方法。

有心理学家认为，幽默利用不当的话，可能会对自身造成不利的影响。幽默首先被认为是一种心理防御机制，是个体在不利环境下，为恢复心态的稳定和平衡产生的一种适应性倾向。幽默行为的心理本质是减压，巧妙化解敌意是外在表现。换个角度看待问题，这种巧妙体现了幽默者为了把控周围人群的心理，有时候可能会将自己的原则暂时搁置。

　　幽默的人总能敏锐地发现一些趣事，并且乐于把欢乐分享给大家，这就体现出他们对周围事物的敏感程度比较高。这种敏感不仅体现在外界，更体现于自我心理层面。不过，这种敏感性也代表着心理承受能力的脆弱。幽默的人在乐观、搞笑的表象下，很可能隐藏着一些负面的情绪，因此，我们在使用幽默这种心理防御机制时，要懂得排解调控因素带来的负面心理情绪。

第五章　职场篇

学点制胜小技巧，助你在竞争中脱颖而出

青蛙效应：不是炒鱿鱼

小李是公司某部门负责人，不过他工作却不怎么努力，每天都是得过且过。

一天，老板对小李说："你下班了，到我办公室来一下！"

小李下班后，走进老板的办公室，惶恐不安地说："老板，你别炒我鱿鱼啊！"

老板说："谁说要炒你鱿鱼了？是我们公司破产了！"

🎙 趣味点评

得过且过的工作态度就如温水煮蛙，不仅可以毁掉个人的职业前景，也可能会毁掉公司的未来。小李公司的员工不思进取，领导又不作为，长期经营不善，破产在所难免，这就是"青蛙效应"带来的恶果。

🏛 心理学解读

"青蛙效应"是指，如果把一只青蛙扔进开水里，感到被烫到后会用力一蹬跃出水面，从而获得生存的机会。但是，如果把一只青蛙放在温水里并逐渐加热时，青蛙在温水中会丧失警惕，当温度升高到一定程度时，青蛙就再也没有力量跃出水面了。于是，青蛙便在舒适之中被烫死了。

十九世纪末，美国康奈尔大学曾进行过一次著名的"青蛙试验"：他们将一只青蛙放在煮沸的大锅里，青蛙触电般地立即蹿了出去。随后，人们又把它放在一个装满凉水的大锅里，用小火慢慢加热，青蛙虽然可以感觉到外界温度的变化，却没有立即往外跳，直到最后失去逃生能力而被煮熟。科学家经过分析认为，这只青蛙第一次因为受到了沸水的剧烈刺激，便使出全部的力量跳了出来；第二次青蛙没有明显感觉到刺激，它便失去警惕，没有了危机意识，最终失去了逃生的机会。

某知名网站曾做过一项《你的职场是否"安乐死"》的专题调查。调查显示：25 岁以下的人群中，35% 的人对工作提不起热情；其次是25 岁 -35 岁的人群；35 岁以上的人群，大多数能意识到危机的存在，积极工作，不断提升自己。反而是一些年轻人仗着学历高，不思进取，得过且过。

硕士毕业的小罗，在某家高科技行业的一家小公司担任技术应用经理。小罗在该公司已任职 7 年，薪水待遇也还不错，小罗的工作状况看上去挺稳定。其实，所谓的技术应用经理，也就是做些没有多少技术含量的工作，每天不断地接电话，然后为客户的机器更换损坏的电路板。小罗工作 3 年以后，已经感觉自己根本就学不到新东西了。他也曾打算通过行业内专业招聘或是人际关系去跳槽，但又觉得这家公司的薪水待遇都不错，如果贸然跳槽，很多公司的工资都不一定能达到现在这家公司的水准，而且，小罗对自己的工作技能也没有足够的信心，一直不敢轻易跳槽。

行业技术的发展日新月异，小罗工作的小公司因为经营不善倒闭了。处于失业状态的小罗，迟迟找不到合适的工作。像小罗这样的处境，相信职场人并不陌生。当工作经验积累到一定的程度，薪资可能出现停滞状态，重要的是，我们在这份工作里已经无法继续获得进步，这样下去的结果往往是被慢慢"煮死"。

心理学专家认为，要避免"温水煮蛙"的命运，就要从以下几个方面做起。

1. 要有危机意识

职场竞争异常激烈，我们要切忌盲目自大，认为自己是不可或缺的。要努力创造出与所在职位相符的价值，否则就可能被别人替代。

2. 要有明确的发展方向

对未来没有明确规划的人，在工作上容易迷失方向，缺乏动力。要对发展方向做出明确的规划，才能不断取得进步，不断壮大自己的实力。

3. 外拓人际关系

良好的人际关系，会给我们带来意想不到的机会。我们要利用一切机会，为自己拓展人脉圈子，迎接新机会的到来。

4. 勇于挑战自己

要时刻了解行业最新的动态变化，不断地学习领域新知识，这样才能有效避免被时代淘汰。

老鹰效应：我想做经理

招聘会上，小李站在一家大型公司的招聘台前说："我想做经理！"

负责招聘的人力资源部经理听到后，诧异地说："你疯了吗？"

小李说："必须疯了才能应聘经理这个职位吗？"

🎤 趣味点评

正如同"战场上不想成为将军的士兵不是好士兵"，工作中不想当老板的员工也不是好员工。职场竞争激烈，只有勇于表现自己，才能赢得更多的发展机会。

🗼 心理学解读

"老鹰效应"指的就是"适者生存"。老鹰是鸟类中的强者，这可能与老鹰喂食习惯有很大的关系。通常情况下，老鹰每次只能孵化出四五只小鹰，但是每次老鹰带回来的食物都是有限的，只能够喂饱一只小鹰。老鹰的喂食原则就是谁抢得凶就喂食谁。就这样，瘦弱的小鹰最终因为抢不到食物而被饿死，而抢食最凶的小鹰则会越来越强壮。所以说，每一个成长起来的老鹰都是通过喂食"选拔"出来的强者，这也是老鹰称霸鸟类很重要的原因。后来心理学上把"物竞天择，适者生存"的现象称为老鹰效应。

职场上，很多人都认为自己很优秀，但他们往往表现出与世无争的样子，认为"是金子早晚都会发光的"。我们生活在一个快节奏的时代，对于公司领导而言，他根本没有耐心去挖金子，更别说是耐心擦拭，等着金子散发光芒。领导们天天琢磨着的是如何快速拥有更多的金子。所以，如果我们是金子，就要主动展示出来，让领导看到我们的光芒。

李开复刚加入微软公司时，他在工作中与同事们沟通时没有问题，但是他每次在比尔·盖茨面前都不太敢说话，因为他担心自己一不小心会说错话。有一天，比尔·盖茨召集十多个人一起开会准备改组。轮到李开复发言的时候，李开复想，既然必须要发言，那还不如直抒胸臆。于是，他鼓足勇气说："在我们的公司，员工们的智商是最高的，但是我们的效率却很不成正比。我们整天忙着改组，却没有顾及员工的想法。在其他公司，员工和员工之间的智商整合在一起，都是相加的效果，而我们整天都在"改组"的斗争中，员工之间的智商整合在一起都是相减的关系了。"

李开复发完言以后，整个会议室里鸦雀无声。会议结束后，很多同事都给他发邮件，表示欣赏他的胆识。最重要的是，比尔·盖茨也接受了李开复的建议并开始执行，在公司总裁开会时也引用了李开复的话，告诉大家应该改变公司的文化，不要一直在改组的"斗争"中内耗下去。

因为敢于表达自己的观点，李开复成了微软中那只抢食抢得最凶的"小鹰"，最终实现了自己的职场价值。可见，职场是个不见硝烟的争斗场，抢食最凶的"小鹰"才能存活下来。

勇敢地迎接竞争是很多人无法突破的挑战。要完成这一步的飞跃，必须先要实现自己心理上的飞跃。

通常情况下，公司开会的时候，很多人从不发言，因为害怕别人不认同自己的观点，担心自己当众出丑。其实，我们只有在讨论中大声说出自己的想法，才有可能获得更多人的认可，取得更大的个人成就和赞誉。

毛毛虫效应：上司发现了一条蛇

小王陪上司在工地视察，路过一片荒地时，上司突然指着前方说："我好像看见那边有条蛇！"

小王马上说："我也看到了，就是有条蛇！"

上司走近一看说："原来是条死蛇。"

小王随声附和道："应该死好久了，都有臭味儿了。"

上司仔细一看又说："原来是条草绳。"

小王赶紧来了句："我正在纳闷，这个季节怎会有蛇呢？"

🎙 趣味点评

小王是上司的"跟随者"，他不尊重客观事实，盲目崇拜上司，没有自己的思想。可想而知，他在工作上是不会取得什么成就的，这就是"毛毛虫效应"的典型案例。

🗼 心理学解读

实验表明，毛毛虫习惯于固守原有的本能，而无法破除尾随习惯去改变方向觅食。科学家把这种喜欢跟着前面的路线走的习惯，称之为"跟随者"的习惯，把因跟随而导致失败的现象称为"毛毛虫效应"。

心理学家约翰·法伯曾经做过一个著名的实验：把许多毛毛虫放在

一个花盆的边缘上，使其首尾相接，围成一圈，在花盆周围不远的地方，撒了一些毛毛虫喜欢吃的松叶。毛毛虫开始一个跟着一个，绕着花盆的边缘一圈一圈地走，一天又一天过去了，这些毛毛虫夜以继日地绕着花盆的边缘转圈，最终，它们因为饥饿和精疲力竭而相继死去。

在日常生活和工作中，我们也很容易受"毛毛虫效应"的影响，面对问题时，因循守旧，习惯按照原有的思路去思考，下意识地重复原有的思考过程和行为方式，渐渐形成固定的思维惯性，而不愿意换个角度、转个方向看待问题。

职场中，人们之所以容易受"毛毛虫效应"的影响，主要有以下几个方面的原因：盲目崇拜领导，认为领导的决策总是对的，自己应该无条件地服从；墨守成规，顽固地相信经验，坚持自己的观点，不能用发展的观点看问题；惧怕风险，不想承担责任，习惯随大流。

要想避免"毛毛虫效应"的影响，想要在职场中有所作为，就要从以下几方面努力。

1. 打破固有思维

想要在工作中有所建树，我们就要不断打破常规，打破固有的思维。我国杂交水稻之父袁隆平，他在研究杂交水稻初期，国内外很多专家都认为杂交水稻不可能成功，认为它违背了科学常识，因此纷纷提出质疑。但袁隆平没有动摇，他坚持己见，孜孜不倦地致力于杂交水稻的研究，他常年泡在田间地头，研究水稻习性，终于在湖南安江发现了基因突变的天然不育株，这为杂交水稻的研制成功奠定了坚实基础。

2. 正确认知自我

要想避免"毛毛虫效应"的影响，我们还要正确地认识自己，要了解自己所处的环境和状态，充分分析自己的优点和缺点，是对固有经验和思维进行转换的前提。

3. 考虑环境变量

此外，在借鉴已有经验，或是准备按照特定思维行事之前，一定要明白，这种方法或经验适用于哪种情况。如果情况发生改变，那么思维行动就要做出相应改变。

4. 拥有创新精神

作为职场人，想要避免随大流，具备创新精神是必不可少的，要随着周围环境的变化，及时地改变自己的思维模式，才能与时俱进地提出新颖的观点和建议。

时代在不断变化和发展，我们也在不断地蜕变和成长。在工作和生活中，我们要摆脱思维定式，不因循前人的足迹，而是努力另辟蹊径，才能百尺竿头更上一层楼。

泡菜效应：从赌场出来的鹦鹉

宠物店老板把一只鹦鹉挂在门口招揽生意。

密西小姐路过时，鹦鹉突然叫道："小姐，你长得可真丑！"

密西小姐很生气，她走进宠物店对老板说："你的鹦鹉太没有礼貌了，如果它再冒犯我，我要让你好看！"

宠物店老板道歉说："小姐，对不起，这只鸟是我刚从赌场买来的，所以它说话有些不太礼貌，我会调教它的。"

送走密西小姐后，老板对鹦鹉说："你再敢说密西小姐长得丑，我就饿你三天！"

密西小姐再次路过时，鹦鹉跟她打招呼："小姐，等一下！"

密西小姐说："你不怕被主人饿三天吗？你还要说什么？"

鹦鹉笑得浑身发抖："我想你知道，我要说什么……哈哈……"

🎙 趣味点评

从赌场买来的鹦鹉，说话尖酸刻薄，这是因为受了赌场不良环境的影响，这就是"泡菜效应"。它反映出环境对人的成长会产生巨大的影响。

心理学解读

把同样的蔬菜放在不同的水中浸泡一段时间后，将它们分开煮，味道是不同的。人在不同的环境里，由于长期耳濡目染，其性格、气质、素质和思维的方式等方面都会有明显的差别，这就是心理学上的"泡菜效应"。

"泡菜效应"揭示出环境对人的成长具有非常重要的作用。近朱者赤近墨者黑，与能干的人多相处，或者在风气好的环境中成长，我们的工作能力和思想品质，都会得到提升。相反，如果与不思进取的人在一起，或者在不良环境中工作和生活，我们也容易变得差劲。

李燕在公司表现不错，深得上司赏识。后来，李燕的部门来了一位新同事，上司亲自把她介绍给大家："这是王倩，是公司为了拓展本地市场专门从总部调来的营销精英。"

此后，李燕顿时感觉到了压力，因为她和王倩都在销售部，是真正的竞争者。李燕潜意识里对王倩有了敌对情绪，王倩却对这种竞争关系表现得不在意，她常常约李燕一起吃饭，工作上遇到问题也及时和李燕进行沟通。李燕很快就发现，王倩在工作上思路清晰、观点新颖，确实比自己要出色很多。李燕决定，首先要承认王倩比自己优秀，接下来要跟王倩学习，把她当作榜样，激励自己更加努力上进。渐渐地，李燕的业绩获得了明显提升，到了年底，李燕和王倩一起被评为优秀员工。

我们可能都有过这样的体验：与优秀的同事一起工作，我们会感觉特别有压力。这是因为，优秀的同事可以反映出我们在某些方面存在的不足，让我们产生自卑感。这时候，我们往往选择逃离这种压迫感和自卑感，选择与自己水平相当甚至不如自己的人一起共事，以获取一种满足感。其实，在"泡菜效应"的影响下，这并不利于我们的职业发展。

　　我们要善于利用"泡菜效应"的积极方面，在工作中营造"近朱者赤"的效果。比如，我们可以选择比自己能力强的同事作搭档，主动找能干严厉的领导"受虐"，在他们的熏陶下，不断鞭策自己，让自己变得出类拔萃。

地位效应：老板，我要跳槽了

超市一员工对老板说："我要跳槽了，明天我就不来上班了！"

老板问："你怎么不提前打招呼，店里这么忙，这不耽误我做生意吗？就你这样，能找到啥工作？"

员工谦卑地说："老板，我考上了公务员，明天要去工商局报到。"

🎙️ 趣味点评

老板习惯了对员工颐指气使，即使员工要跳槽了，他还是横加指责。员工考上公务员要到工商局上班，其地位改变以后，可想而知，老板对他的态度也会发生改变。

🏛️ 心理学解读

心理学中，人们把处于不同地位而提出的意见、办法会产生不同效应的现象，称之为"地位效应"。

美国心理学家托瑞曾做过一个试验：在飞机场上，他让驾驶员、领航员以及机枪手一起针对某个问题进行讨论，他们必须提出自己的解决办法，然后，让其他空勤人员选择同意谁的解决办法。结果发现，群体中绝大部分人同意领航员的办法，而很少有人同意机枪手的办法。当领航员有正确办法时，群体会100%同意；而当机枪手有正确办法时，群体只有 40% 的人同意。

由此可见，地位高的人提出的意见容易被多数人接受，而地位低的人提出的意见哪怕是正确的，或与地位高的人提出的意见是相同的，却很少会被人认同、赞成或执行。这种"言由人定、人以位重"的现象，就是地位效应的体现。

形成地位效应的原因，主要有以下几个方面。

1. 信任因素

人们潜意识认为，地位高的人经验丰富、资历深，所以会信任他们、崇拜他们，认为他们的意见肯定是正确的。而地位低微的人，人们总是低估他们的能力，因此不肯轻易信任他们。

2. 权力因素

地位高者往往拥有权力，这就让人们容易产生一种遵从感，潜意识里愿意服从他们。否则，就会产生一种不安全感、失落感、恐惧感。人们为了逃避因不遵从位高者而带来的负面影响，往往会选择屈从于位高者。

人在职场，懂得了地位效应，我们就要尽量避免它给工作造成负面影响。比如职位较低的人如果有好的解决方案，更要注意表达的方式和方法，避免因为地位效应使自己的方案胎死腹中。我们可以采取迂回战术，先与领导进行沟通，得到领导的支持以后，再推而广之；对于职位较高的人，特别是权威式的人物，要注意听取下属的意见，充分发挥民主的作用，让大家各抒己见，避免出现自己"一言堂"的情况。

值得注意的是，能攀升至相应地位的人，都有自身的能力做支撑。作为地位低者，尽量不要随意挑战地位高者的权威。一位名校毕业的研究生，刚入职华为，就给当时的总裁任正非写了一封"企业发展万言书"，他认为自己高瞻远瞩的战略眼光，会吸引老板的注意，从而得到重视。任正非看完之后，给的批示却是："假如此人没有精神病，建议开除。"

职场中，我们要正确认识自己的位置。尤其是刚入职的新人，首先应尽心尽力地把手头的事情先做好，该做什么事情、该说什么话，要做到心中有数。经过时间的沉淀与实践后，再适度地崭露锋芒。只有这样，晋升之路才会通畅顺遂。

华盛顿合作规律：对不起我们来晚了

公司新上任的领导，对员工要求很苛刻，员工哪怕迟到一分钟，他也要让员工当着所有同事的面，向他深深鞠道歉说："对不起，我来晚了！"

后来，办公室所有员工都约好迟到一分钟，而且还要穿黑色西服。

结果，一大早，所有的员工一脸凝重地来到公司，对正在等待他们的领导深深地鞠了一躬，然后说："对不起，领导，我们来晚了！"

🎙 趣味点评

领导者的管理出现问题时，办公室员工如果团结起来劲儿往一块使，往往就会使领导意识到自己的错误，这样就能够有效避免"华盛顿合作规律"带来的负面影响。

🏛 心理学解读

"华盛顿合作规律"，指的是人与人的合作不是简单地人力相加，而是复杂和微妙的事情。这条规律与我国的"三个和尚"的故事有点相似：一个人敷衍了事，两个人互相推诿，三个人则永无成事之日。

在人与人的合作中，假定每个人的能力都为 1，那么 10 个人的合作结果有时大于 10，有时甚至比 1 还要小。因为人不是静止的，而是来自不同方向的能量汇集。如果能量有效地聚在一起，自然事半功倍，但如果发生相互抵触，就会一事无成。

职场中，两个或是两个以上的人一起工作，如果所有的人齐心合力，肯定会彰显团队的强大力量。可如果大家钩心斗角、各自为政、内耗太大，结果自然不尽如人意。实际工作中，任何一个团体都免不了存在钩心斗角的现象，也就是"办公室政治"。

小王和小李在工作中产生了一些矛盾冲突，两个人对彼此产生了一些敌对情绪。小李找机会给小王使绊子，小王跟同事抱怨小李心眼儿小，这话传到了小李的耳朵里，小李找小王对质，小李对传话的同事也有所抱怨……如此这般，矛盾越积越深，团队就可能因此成为一盘散沙。

"办公室政治"是引起内耗的主要原因，也是华盛顿合作定律的最直接表现。仔细分析，团队成员钩心斗角，也就是"办公室政治"产生的根源，无非是以下几个原因：责任分配不明确，导致员工职责不清；团队成员之间缺乏沟通，及真正的团队精神；团队中有制造不和谐的人存在，影响团队的整体战斗力。

要想在工作中克服华盛顿合作定律带来的不利影响，就要针对"办公室政治"的产生原因，见招拆招，有针对性地解决问题。

1. 目标分工要明确

要设定目标明确分工，设定工作目标后，管理者要进行明确分工，责任到人。这样一来，团队成员就会各司其职，从而有效避免相互推诿而产生的懈怠情绪。

2. 团队利益为先

团队中的成员要以大局为重，不要过于纠结个人利益。如果团队成员因个人利益明争暗斗，无疑会消磨斗志，影响工作效率。如果我们宽容大度一些，我们的态度就会影响到别人，进而有助于形成良好的办公室气氛。

3. 消除"帮派问题"

不同的部门，往往会形成不同的小团体，这样就可能产生部门之间协作难于实现的问题。这样的公司就不再是一个统一的集体，容易出现大家对一件事情互相踢皮球，甚至相互推卸责任的现象。

要处理好部门之间的"帮派问题"，作为公司的领导者，需要对各部门员工进行合理的引导，从多个角度进行观察，了解"帮派"间的结构和关系，以及产生的原因，对症下药，巧妙地消灭"帮派"之间的矛盾。

职场中，钩心斗角只会消磨志气，燃起内讧。我们要找对协作的方法，努力实现团队团结，消除华盛顿合作定律带来的不良影响。

超限效应：马克·吐温拿走了两块钱

马克·吐温听牧师演讲，刚开始听的时候，他觉得牧师讲得很不错，打算捐一笔钱。

一个小时过去了，牧师还没讲完，马克·吐温不耐烦了，他决定只捐一些零钱。

又过去了半个小时，牧师还没有讲完，马克·吐温决定不捐了。

牧师的演讲终于结束了，当他开始募捐时，马克·吐温因为气愤，不仅没捐钱，还从盘子里拿走了两块钱。

🎤 趣味点评

随着牧师演讲时间的延长，马克·吐温的态度从欣赏到不耐烦，再到气愤不已，这充分显示了"超限效应"带来的负面影响。

🗼 心理学解读

"超限效应"是指刺激过多、过强或作用时间过久，从而引起心理极不耐烦或逆反的心理现象。

职场中，超限效应随处可见：店员犯了一个错误，店长便开启喋喋不休的批评模式，甚至当别的店员犯错时，店长还会旧事重提，再唠叨一番。结果店员被唠叨烦了，索性破罐子破摔，根本不理会店长的批评，或者干脆辞职一走了之；领导把开会发言当成了个人演讲，洋洋洒洒讲了几个小时，参会者不厌其烦、昏昏欲睡，觉得这样纯粹是在浪费彼此的时间。

超限效应产生的原因，不外乎说话不注意方法方式、不懂得适可而止；太过自我、不懂得换位思考，忽略对方的感受；逻辑思维不清晰、表达能力欠缺等方面。那么，我们要如何避免超限效应带来的负面影响呢？

我们在做报告或是演讲时，要用好 3 分钟和 30 分钟。开头的 3 分钟非常重要，我们必须在 3 分钟内切入主题，而重点内容则要在 30 分钟内讲到，并将主讲内容控制在 40-50 分钟。否则，听众精神疲劳，难免注意力分散，产生厌烦和抵触情绪。

同事间沟通交谈时，同样要注意节奏，控制时间，最好在 30 分钟内把主要内容讲完，切忌铺垫太长。如果发现对方已经开始看表，或者开始东张西望，表明对方的注意力已经分散，这时我们的谈话就要准备收尾。谈话结尾，最好用简单扼要的语言，把我们的态度或者观点总结一下。

作为上司，在给下属提出指导建议时，要尽量一次把建议的内容表达清楚，然后让对方慢慢理解和接受。如果过了一段时间，下属并没有接受建议发生改变，上司可以再找一个非正式的环境提醒一下他，注意点到为止，同时可以做出耐心倾听的姿态，看对方的反应，如果对方没有反驳，那就表明对方接受了建议，这时可以适当地给对方一些压力，让其尽快改变。切忌就一个问题在短时间内三番五次地跟对方强调，这样会引发其厌烦情绪，甚至会让其产生逆反心理，不利于彼此日后的沟通与共事。

登门槛效应：给兄弟的妹妹写情书

军营里，汤姆和埃尔睡上下铺。埃尔有一个妹妹未嫁，汤姆还是单身。埃尔经常收到女朋友的情书，这让汤姆非常羡慕。

一天，汤姆问埃尔："你有信封和信纸吗?"

"有啊，拿去用吧!"埃尔拿出信封和信纸递给了汤姆。

汤姆对埃尔说："可是我还没有笔。"

埃尔拿出自己的笔，给了汤姆。

汤姆趴在桌子上开始写信，半个小时后，汤姆把信装在信封里，对正要出门的埃尔说："你能不能帮我把信寄走?"

埃尔痛快地答应着："好啊!"

汤姆接着问："你能不能把你妹妹的地址告诉我?"

🎙 趣味点评

汤姆想给埃尔的妹妹写情书，他如果直接提出这个要求，肯定会被埃尔批评一顿，于是，汤姆利用"登门槛效应"，一步一步接近了自己的目标。

🏛 心理学解读

"登门槛效应"又称"得寸进尺效应"，是指一个人一旦接受了他人的一个微不足道的要求，为了避免认知上的不协调，或想给他人留下前后一致的印象，就有可能接受对方更大的要求。这种现象，就如登门槛时，一个台阶一个台阶地登，这样能更顺利地登上高处。

1966 年，美国心理学家做过一个实验：派人随机访问一组家庭主妇，要求她们将一个小招牌挂在自家窗户上，这些家庭主妇愉快地同意了。过了一段时间，再次访问这组家庭主妇时，要求她们将一个比较大而且不太美观的招牌放在庭院里，结果有超过 50% 的家庭主妇同意了。与此同时，心理学家又派人随机访问另一组家庭主妇，直接提出将比较大而且不太美观的招牌放在庭院里，结果同意这样做的主妇低于 20%。

通常情况下，人们都不愿接受不太容易完成的要求，因为它费时费力又难以成功，而往往易于接受相对容易完成的较小要求。在实现了较小的要求后，为保持行为前后的一致性，就会容易接受较大的要求。

销售人员小王去拜访一位之前拒绝了她的客户经理，当小王再一次被拒绝后，她向那位客户经理提出了一个小要求："您看能不能先订一些量小又不着急用的单子，如果我们的产品质量有问题，我们是不会收取任何费用的。"

客户经理答应了小王的要求："好吧，我先订一个小单子，不过得三天内交货，质量不行或速度不行的话，我们不会付钱的。"三天后，交货完成，客户经理非常满意。小王趁机提出了更高的要求，希望客户经理能给自己一个大单子，并且在价格上能给出折扣。客户经理计算了一下利润率，答应了小王的要求。

了解登门槛效应的心理活动后，我们就要尽量避免自己被"套路"。在工作中，大家的时间都非常宝贵，可总有一些同事，习惯性地向别人求助。她们往往是从比较琐碎的事情开始，比如让我们帮她看一下某个数据是否有问题，紧接着，一步一步地来，最终可能就会让我们帮她做一份 PPT。当我们发现对方有得寸进尺的苗头后，就要当机立断回绝对方的要求，免得付出更多的时间和精力。

刺猬法则：上司要搭顺风车

小王跟上司住在同一条街。一天下班时，上司说要搭小王的顺风车。

路过一个桥头，小王突然笑起来："哈哈，昨天有个不长眼的家伙，开车竟然撞到桥墩了，车子都快报废了。"

上司看了看小王说："所以我今天要搭你的顺风车。"

🎙️ 趣味点评

上司主动搭乘下属的顺风车，以及小王作为下属，说话不注意分寸感，都是没有遵循"刺猬法则"的体现。

🏛️ 心理学解读

"刺猬法则"指的是刺猬在天冷时彼此靠拢取暖，但要保持一定距离，以免互相刺伤的现象。

法国总统戴高乐有一句座右铭："保持一定的距离！"由此可见，戴高乐在工作中深谙刺猬法则。戴高乐担任总统的十多年中，他的秘书处、办公厅和私人参谋部等顾问和智囊机构的工作人员，没有谁的工作年限能超过两年。在戴高乐看来，调动是正常的，而固定是不正常的，这表明他是个靠自己的思维和决断而行事的领袖，他不容许身边有永远离不开的人。他通过调动，同身边的人保持一定距离，而唯有保持一定的距离，才能保证顾问及参谋团队的思维和决断具有新鲜感并充满朝气，也可以杜绝顾问和参谋们任职时间过长，利用职权徇私舞弊，做出损害国家利益的事情。

刺猬法则强调的就是人际交往中的"心理距离效应"，职场中的刺猬法则，主要表现在以下几个方面。

1. 上司与下属保持心理距离

心理学专家认为，上司应该与下属保持"亲密有间"的关系。上司如果与下属毫无距离感，容易导致称兄道弟、彼此不分，在工作中丧失原则。因此，上司应与下属保持心理距离，既要表现出亲和力，也要给人敬畏感。

2. 同事间保持空间距离

心理学家认为，人与人之间如果想要和谐相处，也需要保持一定的空间距离。一般来说，陌生人之间会保持一米以上的空间距离，这样才不会让彼此产生不适感。靠得太近，容易给彼此造成威胁，这种现象在心理学上叫"空间侵犯"。同事之间要想处好关系，也要保持一定的空间距离。

3. 把握恰当的时间距离

每个人都有属于自己的时间，如果我们无端占用别人的时间，影响别人正常生活，就是对别人的一种不尊重，这样肯定会影响彼此的关系。比如，老板总让员工加班，这就是对员工进行"时间侵犯"，长此以往，员工就会产生厌烦心理。

4. 与客户保持私交距离

在职场上，我们不可避免地要与客户打交道。与客户建立良好的关系对工作至关重要。需要注意的是，我们与客户的私交最好保持独立和客观性。因为感情的投入很容易让人失去客观，也容易让人受制于关系，导致产生"我们不知如何开口提要求，对方不知如何拒绝"的尴尬局面。同时，如果我们与客户私交过于亲密，还会损害双方在生意场上的信任度，双方老板可能会认为，我们与客户交易时，会因为私人感情而牺牲公司利益。

　　总而言之，在职场生活中，"亲密有间"会让人与人之间形成一种比较稳固且安全的关系。

鸟笼效应：加班要给加班费

一次，小孙加班到深夜，恰好被老板看到了，小孙很快就得到了晋升。

一时间，其他的员工都开始效仿小孙，下班后，无论工作是否完成，都像模像样地在办公桌前加班。

老板看到这种情形后，就在会议上宣布："以后加班要给加班费。"

员工们情不自禁地欢呼起来："加班终于有加班费了！"

可事实是，老板所谓的加班费指的是：加班的员工，需要支付公司50元加班费，作为公司的水电费开支。

🎙 趣味点评

已经完成工作的员工，为得到老板的赏识和晋升，每天却装模作样地加班，这些员工把公司当成了"鸟笼"，自己心甘情愿做一只被关在笼子里的"鸟儿"。这样的加班既浪费公司资源，也浪费了员工的私人时间，百害而无益。

🗼 心理学解读

假如一个人买了只空鸟笼放在家里，那么过了一段时间后，他通常会为了这只笼子而再买回一只鸟，而不是把笼子丢掉，也就是说，无形中他自己成了鸟笼的俘虏。"鸟笼效应"说的就是这种情况，它是指人们会在偶然获得一件原本不需要的物品的基础上，继续添加更多与之相关而自己不需要的东西。

1907 年，詹姆斯教授从哈佛大学退休。有一天，詹姆斯和他的好友卡尔森打赌说，他一定会让卡尔森养一只鸟。卡尔森胜券在握地说："我不信！因为我从来就没有想过要养一只鸟。"

几天后，正好是卡尔森生日，詹姆斯送他的生日礼物是一个精致的鸟笼，卡尔森收下了礼物，并把它放在了书桌上。从那以后，来访的客人看到那只空荡荡的鸟笼，都会无一例外地问："教授，你养的鸟什么时候死了？"

卡尔森一次次地向客人解释他从来就没有养过鸟，但是他的回答总会换来客人们困惑或是不信任的目光。无奈之下，卡尔森教授只好买了一只鸟，詹姆斯的"鸟笼效应"果然奏效了。

卡尔森不愿意忍受朋友的不断询问，他只好选择买只鸟与鸟笼相配，来避免解释的麻烦。"鸟笼效应"造成人的一种心理上的压力，使其主动去买来一只鸟与笼子相配套。经济学家解释说，这是因为买一只鸟比解释为什么有一只空鸟笼要简便得多。很多时候，我们会先往自己的心里挂上一只笼子，然后再不由自主地往其中填满一些别的东西。

职场上，在一些老板和上司看来，公司就是一个精美而空置的鸟笼。他们看着自己的资源被空置，往往会觉得心里不是滋味，所以他们希望每个下属都主动加班，甚至超额完成工作。对于员工来说，经常性加班的原因，无非是上司分派任务不合理，或者员工办事的效率太低。如果老板经常在一天 8 个小时的工作时间里分配给你 16 个小时才能完成的工作任务，那么，为了健康，我们还是考虑转换工作环境；如果是我们工作效率的问题，那么我们就要提高自己的工作技能，确保高效地完成工作。

还有一种情况就是，你已经高效地完成工作，可其他的人还在加班，老板看到按时下班的你，会流露出不满的眼神，这种目光让我们如芒刺在背。遇到这种情况，应该怎么办呢？

我们在工作中，要塑造一个高效干练的形象，而且要注意向老板及时汇报工作成果。比如，在临下班前，把今天领导交代的任务反馈给领导，这样工作结果就成为领导心目中的那只"鸟"了。加班是以工作未完成为前提的。完成工作后还留下来加班，浪费自己的私人时间不说，还可能被上司和同事视为浪费公司资源，认为我们留在公司是为了免费上网，或者为了享受公司的暖气或者冷气。

在规定上班时间内完成任务后，我们就可以下班了，其他同事的加班与我们无关。学会摆脱心理上的鸟笼，才能成为一只翱翔天空的鸟儿。

第六章　行为篇

从现象到本质，小动作内含大秘密

狄德罗效应：你是不是该把我换掉了

朋友送给约瑟夫一套骨瓷餐具。餐具摆在餐桌上，他觉得餐桌太旧了，就买了一张新餐桌。

新餐桌买回来后，约瑟夫觉得房子太旧了，于是他又想换套房子。

约瑟夫的妻子生气地说："接下来，你是不是该把我换掉了？"

🎙 趣味点评

约瑟夫得到一套餐具后，心理压力使他不断地需要更多的非必需品，这就是"狄德罗效应"的体现。

🗼 心理学解读

"狄德罗效应"，是由18世纪法国哲学家丹尼斯·狄德罗发现的。狄德罗效应是一种常见的"愈得愈不足效应"，在没有得到某种东西时，心里很平稳，而一旦得到了，却不满足。

18世纪，欧洲掀起了一场轰轰烈烈的启蒙运动，狄德罗就是这场运动的代表人物之一。有一天，狄德罗的朋友送给他一件质地精良的酒红色长袍，狄德罗非常喜欢，他马上将旧的长袍丢弃了，穿上了新长袍。可是不久之后，狄德罗就产生了烦恼，因为他穿着华贵的长袍工作时，发觉自己的办公桌破旧不堪，根本不配他的新长袍。于是，狄德罗叫来了仆人，让他买来一张与新长袍相搭配的新办公桌。当办公桌买来之后，狄德罗发现挂在书房墙上的挂毯太破旧，与新的办公桌很不搭。于是，狄德罗马上换了块新挂毯。之后，他又换了椅子、雕像、书架、闹钟等摆设。最终，这位哲人负债累累。这时他才突然发现"自己居然被一件长袍胁迫"，更换了那么多他原本无意更换的东西。

"狄德罗效应"也称为"配套效应"，它反映了人们的一种对和谐的追求。在人们的观念里，高雅的长袍是富贵的象征，应该与高档的家具、华贵的地毯、豪华的住宅相配套，否则就会使主人感到"很不舒服"。这种"配套效应"为整体事物的发展提供了动因，从而促进了周围事物的变化发展和更新。

狄德罗效应在生活中随处可见。比如我们买了一件新上衣，我们可能就要买新裤子、新鞋子、新的打底衣甚至要买新的包包，才能实现"配套"，达到一种和谐。这样"配套"的结果，往往让我们花费了不少钱，买了一堆并不需要的东西，造成了很大的浪费。

要摆脱狄德罗效应，我们就要学会知足常乐。幸福的生活往往就是最简单的，当我们为追求奢侈的生活而疲于奔波时，幸福生活其实已经离我们越来越远了。

换个角度看待狄德罗效应，它则可以对我们的生活带来积极的影响。商家可以利用狄德罗效应来推销自己的商品。比如，劳力士手表和宝马汽车都宣称自己是成功和地位的标志，如果我们拥有了劳力士手表，可能就会考虑买宝马车，因为这样才会显得"配套"。

另外，我们可以把"狄德罗的袍子"看作是更高更好的追求。我们要有勇气相信自己是穿华贵袍子的人，然后一步一个脚印，先拥有"袍子"，再换"沙发""地毯"，最后换"房子"，为自己建立一个可以逐步实现的目标等级。

一致性理论：就是他给我出的主意

慕斯拉肚子，他不得不去看医生。

医生问慕斯："来我这里之前，你让别人给你看过吗？"

慕斯说："关于我的病情，我请教过前面那家药店的老板。"

医生问："他给你出了什么主意？"

慕斯说："他让我过来找你。"

🎙 趣味点评

医生不喜欢药店的老板，当药店老板为病人推荐了医生后，医生并不会感到愉快。为了降低内心的冲突，医生就要尝试改变对药店老板的态度。

🏛 心理学解读

1955 年，查尔斯·埃杰顿·奥斯古德和坦南包姆提出了一致性理论。该理论认为：人有一种驱力促使自己对客体产生一致的认知和行为，当认知不一致时，人们会出现不适感，这时，人们就会有选择地寻求支持信息或避免不一致的信息。

比如，某人非常喜欢一位朋友，同时这个人也喜欢逛商场，这两件事情本身是独立的。如果某人在逛商场时遇到了他喜欢的朋友，那么本来相互独立的两件事情就有了联系。

这时，某人就会重新调整他对这两件事物的态度，使它们在心理上达到一致状态。如果信息源发出的信息表明它和信息对象之间也存在肯定关系，也就是说，如果某人的朋友也喜欢逛商场，两者完全一致，人会感到愉快，就无须改变原态度；反之，如果信息表明它们之间存在否定关系，比如，某人喜欢的朋友来商场只是为了工作，他根本不喜欢逛商场。这时信息所表达的关系和他的原态度的情况存在不一致，他就会体验到冲突、不安或不快，就要调整原来的态度。

一致性理论提出三个变量，即个人对信息源的态度、信息源所评价的概念的态度及信息源对于这个概念的论断性质。

按照一致性理论的观点，可以解释人们为什么容易接受明星的代言产品。因为人们喜欢明星，明星喜欢他代言的产品，这时人们为了在态度上达到一致性，就会让自己也接受明星喜欢的产品。

另一种情况就是，如果人们对明星代言的产品持否定的态度，而人们喜欢的明星对产品的态度是肯定的。那么这种不一致会使人们产生认知紧张。在这种情况下，人们可以尝试消除认知紧张。比如，人们可以降低对明星的积极评价，或者改变自己已有的对产品的消极评价。

总而言之，一致性理论认为，人们在某一件事情出现的过程中，并不希望遇到一些意料之外的事情。如果真的遇到了某些意想不到的事情，就会感到焦虑。经历了这种感受之后，人们以后就会更加谨慎，防止再次出现不一致性理论。

认知失调理论：上帝以为我住在英国不回来了

一个乡村牧师去英国访问后回到家乡。刚下火车，他便遇到了他所属教区的一个教民。

牧师见教民哭丧着脸，就问他："亲爱的，你遇到什么麻烦了吗？"

教民说："很不幸，我的家被龙卷风刮走了！"

牧师惋惜地摇着头说："亲爱的，我早就警告过你要注意生活方式，你却不听劝，你看，报应来了吧！"

教民说："先生，你的家也被刮飞了！"

牧师回答说："是吗？上帝可能以为我住在英国不回来了。"

🎙 趣味点评

牧师认为，只有那些不注意生活方式的人，房子才会被龙卷风刮走。当牧师得知自己的家也被龙卷风刮走后，牧师的观点和现实生活中发生的事实发生了冲突，为了缓和这种冲突，牧师就为自己找了一个理由"上帝以为我住在英国不回来了"。牧师的这种表现，就是心理学中的"认知失调理论"。

🏛 心理学解读

"认知失调"是由费斯汀格提出的，是指一个人的态度和行为等认知相互矛盾，从一个认知推断出另一个对立的认知时而产生的不舒适感或不愉快的情绪。

认知失调理论认为：通常情况下，个体的态度与行为是相互协调的，因此不需要改变态度与行为。比如，人们喜欢一个人时，就愿意和对方沟通交流，讨厌一个人时，就不搭理对方。当个体的态度和行为出现不一致时，就产生了认知失调。

认知失调会产生一种心理紧张，个体会力图解除这种紧张，以重新恢复平衡。比如，我们已经决心戒掉网购了，可还是忍不住买了一条心仪的连衣裙。这时我们的态度和行为就不一致，为了减少自己内心的不适感，我们就会给自己的行为寻找"合理"的理由："这套连衣裙又不贵，买到就是赚到！"

关于认知失调理论，费斯汀格曾经做过一个实验：实验者让 3 组被试者做了 1 小时枯燥无味的绕线工作。实验者让第 1 组被试者向其他人说明工作的真实情况，让第 2 组和第 3 组被试者把工作说成有趣好玩，第 2 组和第 3 组的区别是，第 2 组被试者获得 1 美元，第 3 组被者获得 20 美元。

然后，实验者又让被试者说出对工作的真实态度。结果发现，第 1 组表现的态度最消极，第 3 组比第 2 组表现出更消极的态度。对于第 3 组和第 2 组所表现出来的差别，实验者认为，当被试者对别人说绕线工作很有趣时，心口不一致，他们头脑中有了两个认知因素："我不喜欢绕线工作"和"我对别人说这工作有趣"，两者处在失调的状态。为了消除心理上的失调感，被试者便要把自己的行为合理化。第 3 组被试者会用 20 美元的酬金为自己的行为辩解，认为自己之所以对别人说绕线有趣是因为有明显的外部好处，此时，心口不一致所带来的失调感就削弱了，所以他们没有改变对工作的评价；可是对第 2 组被试者来说，用

1美元的酬金为自己心口不一的行为开脱就比较困难，为了消除认知失调带来的不舒适感，他就需要重新恢复平衡，"我对别人说这工作有趣"这样的行为不容易改变，"我不喜欢绕线工作"这样对自己内部态度的认识相比较来说容易改变，所以被试者不自觉地提高了对绕线工作的评价。这样一来，新的认知因素"我比较喜欢绕线工作"和"我对别人说这工作有趣"就相互协调了。

举个例子来说，我们很想戒烟，但当好朋友递给我们香烟时，我们忍不住又抽了一支烟，这样我们戒烟的态度和抽烟的行为就产生了矛盾，引起了认知失调。

为了克服认知失调引起的紧张，人们可以想办法减少自己的认知失调。我们可以采用以下几种方法减少由于戒烟而引起的认知失调：改变认知的重要性，减少不协调认知成分——吸烟带来的心情愉悦，比吸烟有害健康更重要；如果两种认知不一致，可以通过增加更多一致性的认知来减少失调——吸烟让我心情愉悦，这有利于我的健康；改变一种不协调的认知成分，使之不再与另一认知成分相矛盾——我喜欢吸烟，我不想戒掉烟瘾。

安慰剂效应：我在家里中暑了

医生接待了一个神经衰弱患者，医生对他说："你到气温高的地方休养一段时间，对你的病情将会大有好处。"

患者回答说："可是我没有外出疗养的经济能力。"

医生说："那你可以在你家屋顶上画个太阳，假装你在太阳下干活。"

几天后，患者给医生打电话说："我在家里中暑了！"

🎙 趣味点评

患者相信医生的"处方"，他在屋顶画上太阳，假装自己在太阳下干活，结果却"中暑"了。画在屋顶的太阳就如"无效药物"，却让患者的心理、生理发生了相应的变化，这就是"安慰剂效应"的体现。

🏛 心理学解读

"安慰剂效应"又称为"假药效应"，是毕阙博士提出来的概念，指病人虽然获得无效的治疗，但却"预料"或"相信"治疗有效，而让病患症状得到舒缓的现象。

1950 年，美国有一种新型的治疗癌症的药物引起了人们的关注，一位叫 Bruno Klopfer 的医生参与研究了该新药。Bruno Klopfer 医生有一位晚期癌症患者 Wright 先生，他注意到了那种新型的药物，恳请医生给他使用这种新药。Bruno Klopfer 医生抵不住患者的苦苦哀求就答应了他。Wright 在注射新药几天后，他神奇地发现自己能够下床行走了，他认为新药发挥效果了。Bruno Klopfer 医生也认为他的病情得到了控制，并允许他出院回家疗养。

几个月后，很多新闻媒体报道那种新药可能对癌症的治疗并没有效果。Wright 先生感到非常失望，他的病情又开始恶化，最终他又回到了医院。Bruno Klopfer 医生受到上一次的启发，决定采取心理疗法。他告诉 Wright 先生现在有一种更好的新药被研发出来了，而且药效已经得到了认证。Wright 先生非常高兴地接受了该药物的治疗，随后他逐渐好转并出院。其实 Bruno Klopfer 医生给他注射的仅仅是生理盐水，这就是典型的安慰剂治疗疾病的案例。

对于安慰剂效应如何产生作用，有以下两个假设。

1. 期望效应

受试者期望效应引导病人报告病情得到改善，因此出现了安慰剂效应。

2. 条件反射

条件反射是一种关联学习模式，使受训者学习到特定情况下做出特定的反应。

巴甫洛夫在实验中，他每次给狗喂食前就先发出铃声，多次反复后，每当铃声一响，狗就会自动分泌唾液，原因是狗已经将铃声与食物建立关联。安慰剂使病人产生与有效药物相似的生物反应，有可能是因为条件反射造成的。

使用安慰剂效应时容易出现相应的心理和生理效应的人，被称为安慰剂反应者。目前证据显示，人格特征对安慰剂反应有重要影响。安慰剂反应者的人格特点是：有依赖性、易受暗示、自信心不足、对自身的各种生理变化和不适感比较敏感。

反安慰剂效应与安慰剂效应的性质完全相反，让病人服用一组无效药物后，病人不相信治疗有效，可能会令病情恶化。这个现象被认为患者对于药物的效力抱有负面的态度，因而出现了反安慰剂效应。反安慰剂效应并不是由所服用的药物引起，而是基于病人心理上对康复的期望。

囚徒困境：谁对你忠诚就提拔谁

公司领导要退休了，对于挑选接班人这件事情，他有些举棋不定。

老婆给他出了个主意："我们考验一下几个候选人，谁对你忠诚就提拔谁。"

公司领导觉得老婆说得很在理，于是他给几个候选人发短信："东窗事发，速来救我！"

公司领导的短信发出后，一直没有回音。第二天早上有人敲门，他打开门，门外站着几个穿制服的工作人员，告诉他说："跟我们走一趟。"

🎙 趣味点评

如果候选人选择与公司领导合作，他就可能从中获取利益，成为领导的接班人。虽说举报公司领导人对候选人来说，是最好的选择，但很显然，这不是一个"双赢"的结局，造成这种现象的原因就是"囚徒困境"在作怪。

🏛 心理学解读

在博弈论中，非零和博弈是一种合作下的博弈，博弈中各方的收益或损失的总和不是零值。也就是说，博弈中，自己的所得并不与他人的损失相等，伤害他人也可能"损人不利己"，所以博弈双方存在"双赢"的可能，进而达成合作。

"囚徒困境"是博弈论的非零和博弈中具代表性的例子，反映个人最佳选择并非团体最佳选择。或者说在一个群体中，个人的理性选择并不是集体的理性选择。1950 年，美国兰德公司的梅里尔·弗勒德和梅尔文·德雷希尔拟定出相关困境的理论，后来由顾问艾伯特·塔克以囚徒方式阐述，并命名为"囚徒困境"。

囚徒困境的故事讲的是：两个嫌疑犯作案后被警察抓住，分别关在不同的屋子里接受审讯。警察缺乏足够的证据，来证明两人确实犯了罪。这时，警察想出了一个好办法，他分别告诉这两个嫌疑犯如果两人都抵赖，各判刑一年，如果两人都坦白就各判八年，如果两人中一个坦白而另一个抵赖，坦白的放出去，抵赖的判十年。这样的话，两个囚徒都面临两种选择：坦白或抵赖。然而，不管同伙选择什么，每个囚徒的最优选择是坦白：如果同伙抵赖、自己坦白的话就会被放出去；如果同伙坦白、自己坦白的话判八年，比起自己抵赖判十年还是个比较好的结果。结果，两个嫌疑犯都选择坦白，各判刑八年。

很显然，如果两个嫌疑犯都选择抵赖，各判一年，这是最好的结果。囚徒困境所反映出的深刻问题是，人类的理性有时能导致集体的非理性，人类会因自己的利益而做出损害集体利益的事情。囚徒困境是一次性的博弈实验，如果增加博弈的次数，让每个参与者都有机会去"惩罚"对方前一个回合的行为，这时参与者的决策可能就会发生变化。

艾克斯罗德曾经针对这个理论进行了实验：他组织了一场计算机竞赛，每个想参加这个计算机竞赛的人，都需要扮演"囚徒困境"案例中一个囚犯的角色。他们把自己的策略编入计算机程序，然后与其他人进行囚徒困境博弈，每次博弈后会获得一定的分数，并且每个人在进行博弈前都能看到对方的历史博弈情况。计算机竞赛提交上来的程序包含了各种复杂的策略，最终的桂冠属于其中最简单的策略。这个策略就是"囚犯"永远不先背叛对方，但他会在下一轮中对对手的前一次合作给予回报，也会对前一次采取背叛行动的对手进行惩罚，也就是说"一报还一报"。

为了证明"一报还一报"策略的胜利不是侥幸，艾克斯罗德又举行了多场竞赛，并邀请了更多的人参与，但这个策略一次又一次的夺魁，竞赛的结论无可争议。

总的来说，人的一生中会面对很多选择，善意的决策可能吃亏，恶意的背叛可能占便宜，但所有的过往，都会成为别人今后和你合作时进行决策的依据。最终的赢家，往往是那些心怀善意，不会背叛别人的人。

补偿心理：我可以把海龟杀了吗？

儿子哭着找妈妈："妈妈，我的海龟死了！"

妈妈吻了吻儿子的脸颊说："宝贝儿，别太难过了！我们把海龟放在盒子里埋在后院，再给它举行一个葬礼。然后，妈妈带你去游乐园，再给你买那只你最喜欢的宠物狗……"

突然，妈妈发现海龟动了一下，她惊喜地对儿子说："海龟没有死！"

儿子失望地说："我可以把海龟杀了吗？"

🎙 趣味点评

儿子因为海龟死了很悲伤，妈妈为了安慰他，就许诺带他去游乐场，再给他买一只宠物狗。在儿子的心里，去游乐场和买宠物狗带来的喜悦，补偿了海龟死亡带来的悲伤，这就是"补偿心理"。

🗼 心理学解读

"补偿心理"是一种心理适应机制，由于个体在适应社会的过程中总有一些偏差，为求得到补偿，便产生了补偿心理。

从心理学上看，这种补偿其实就是一种"移位"，是为了克服个体生理上的缺陷或心理上的自卑，发展自己的优势，赶上或超过他人的一种心理适应机制。"生理缺陷"愈大的人，他们的自卑感也愈强，寻求补偿的愿望就愈大，也就越容易做出一番事业。

"补偿"这个概念最初是由奥地利心理学家阿德勒提出来的，他从自己的成长经历中得出一个结论：每个人天生都有一些自卑感，而这种自卑感使个体产生"追求卓越"的需求，个体通过"补偿"的方式来克服个人缺陷。

总的来说，当个体受限于生理或者心理上的缺陷，导致既定目标不能实现时，便以其他方式来弥补这些缺陷，这种行为称为"补偿"。"补偿"这种心理防御机制可以分为三个类型。

1. 积极性补偿

个体通过正面途径来弥补缺陷，从而为个体带来好的转变。比如，有个姑娘非常喜欢跳舞，而且经过艰苦卓绝的努力，她在舞蹈方面取得了不错的成绩。可是，因为发生了一次意外，她的膝盖骨受到了严重的损伤，她再也无法跳舞了。为了弥补不能继续跳舞的遗憾，她开了一家卖舞蹈衣服和舞蹈鞋子的网店，还资助了贫困地区一个在舞蹈方面极有天分的小女孩。从事与舞蹈有关的行业，资助有舞蹈天分的孩子，对受伤不能跳舞的姑娘来说，就是一种积极性的补偿。

2. 消极性补偿

消极性补偿指的是个体用来弥补缺陷的方法，不但没有为个体带来任何帮助，反而带来了更大的伤害。比如，有个男人，妻子嫌弃他赚钱少提出离婚。男人不但没有从这件事情中吸取教训，努力赚钱养家留住妻子的心，反而对妻子拳打脚踢，把妻子打成了重伤，最终妻子坚决地跟他离了婚，他还因伤害罪进了监狱。

3. 过度补偿

过度补偿就是过多的补偿，也就是一个人在身体方面或心理方面的欠缺引起过度的补偿行为，从而导致了"矫枉过正"。有个妈妈，对上小学的儿子要求非常严格。儿子只要没有考出双百的好成绩，就会招来妈妈的一顿毒打。有一次，儿子数学考试才得了 90 分，气急败坏的妈妈把儿子打得气息奄奄，送到医院抢救才保住了性命。妈妈后怕不已，开始反省自己。其实她对儿子要求严格，源于自己小时候不听父母的话，没有好好学习，最终只能进车间做了操作工。妈妈不想自己的遗憾在儿子身上重演，所以就出现了对儿子的过度补偿心理。

从以上三种补偿方式类型来看，"积极性补偿"对于人们克服自卑具有明显的正面意义，其他两种补偿方式不仅无法真正帮助人们克服自卑，还容易给人们带来更大的困扰和伤害。

标签效应：最后的遗愿

三个人死后，在天堂门口排队等候进入。

圣彼得问他们："在进入天堂之前，你们希望听到参加葬礼的人说些什么呢？这应该是你们最后的遗愿了。"

第一个人说："我是个医生，我希望有人说'他是一个伟大的医生，他挽救了我的生命！'"

第二个人说："我是个老师，我希望有人说'他是一位好老师，教会了我们如何做人！'"

第三个人说："听了前面两位的话，我非常感动。不过，我希望有人大叫'瞧！他在动！'"

🎙 **趣味点评**

医生和老师在遗愿中，希望自己被人们认定为"伟大的医生""好老师"，从某种意义上说，这是他们给自己打上的"标签"。

🏛 **心理学解读**

当一个人被贴上某种标签时，他就会做出自我印象管理，使自己的行为与所贴的标签内容相一致。这种现象是由于贴上标签引起的，所以称为"标签效应"。

心理学家克劳特曾做过一个试验：他要求被试者对慈善事业做贡献，然后根据被试者是否捐献，分别把他们称为"慈善的人"和"不慈善的人"。相对应地，还有一些参加试验的人没有被下任何结论。相隔一段时间后，当他再次要求这些人做捐献时，发现第一次捐了钱并被称为"慈善的人"，比那些没有被下过结论的人捐钱要多，而第一次被称为"不慈善的人"，比那些没有被下过结论的人捐献得要少。

这个试验说明了标签效应对人们的影响。生活中，这样的事例比比皆是。比如，一个孩子如果被贴上了"聪明乖巧、懂礼貌"等积极的标签，他可能就会变得越来越优秀；反之，如果给孩子贴上了"不听话、调皮、蠢笨"的标签，他就可能破罐子破摔，变得更加顽劣。

有学者对高血压患者和健康人群进行了对照研究，发现高血压患者的生活质量明显不如健康人群。患者生活质量下降，一方面是疾病引发了不适感，比如患者会出现失眠、头晕、心情烦躁等症状。另一方面"标签效应"也起了很大的作用。人们发现，高血压这种疾病没有被诊断出来时，症状并不明显，一旦被确诊，种种不适感就凸显出来了，这就是人们对"高血压"这个标签产生了消极的反应。

心理学认为，"标签效应"产生的原因，主要是因为"标签"具有定性导向的作用，无论是"好"是"坏"，它对一个人的"个性意识的自我认同"都有着强烈的影响作用。

生活中，我们有时候给人贴标签，有时候被人贴标签。积极的标签会催人上进；消极的标签，会对人造成负面影响。我们所能做的，就是尽量发挥"标签效应"的积极作用，避免给别人贴上具有消极意义的标签。

王尔德在《道林·格雷的画像》中说："一旦被贴上标签，你就很难逃脱。"如果我们不幸被别人贴上了消极的标签，我们不能逆来顺受，要避免让自己的人生被错误的标签定义、束缚。

古希腊著名雄辩家德摩斯梯尼，年轻时候有口吃的毛病，人们认为他根本没有演说家的天赋，觉得他就是一个自不量力的傻子。好几次，德摩斯梯尼在演讲时，都被人们毫不留情地轰下台。但德摩斯梯尼没有被挫折吓退，即使他被贴上"不行"的标签，他依然满怀热情，坚持不懈地去练习，最终，成为了古希腊最出色的雄辩家之一。

无论何时，我们都不能被别人的标签所定义，要保持良好的心态，做最好的自己！

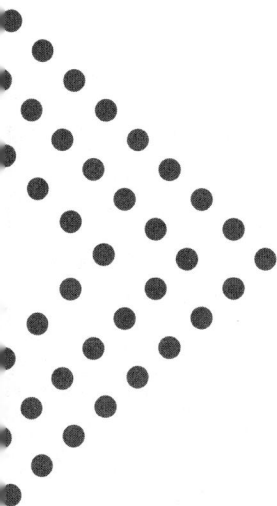

第七章　成功篇

掌握方法，找到属于自己的成功

自我效能感：人要知道自己几斤几两

公司老总召集员工开会，会议室门口放了一个电子秤，老总要求员工进会议室前，都要称一下体重。

开会前，老总问员工："你知道我为什么让你们称体重吗？"

一个员工抢着回答说："您非常关心我们的健康，希望我们的体重控制在一个合理的范围之内。"

老总说："错，我只是想让你们知道，自己有几斤几两。"

🎙 趣味点评

公司老总让员工知道自己的"斤两"，其实就是让员工了解自己的能力，对自己有一个正确清晰的评判，从而选择能力范围内可以完成的工作任务。员工了解自己"斤两"的过程，就体现了"自我效能感"的心理现象。

🏛 心理学解读

1977 年，美国著名的心理学家班杜拉提出了"自我效能感"的概念。班杜拉经过多年的探索研究，在 1997 年出版了《自我效能——控制的实施》一书，对自我效能问题进行了全面系统的论述。所谓"自我效能感"，是指个体对自己是否有能力完成某一工作所进行的推测与判断。

班杜拉发现，影响人类行为的因素有两个：一是个体的行为结果，二是个体受自我认知的影响而形成的对自我行为能力与行为结果的期望。其中，个体对自我行为能力的期望对行为结果起决定性作用，我们将之称为"自我效能感"。

效能感高的人，通常会对自身能力有准确而清晰的了解，会选择自己能力范围内且具有适度挑战性的任务。他们会对成功的结果有积极的预判，这有助于个体集中注意力分析和解决问题，并使自己的能力得到正常甚至超常发挥。他们对任何事件都能积极看待，并将失败的结果归因于自身不够努力。

自我效能感低的人恰恰相反，他们不了解自身的能力范围，不确定自己究竟适合怎样的任务，也缺乏接受挑战的勇气。很容易陷入对失败结果的担心和恐惧中，无法全身心投入到行动中去。他们会消极看待任何事件，并将失败的结果归因于自身的能力不够、运气不好等，从而影响自己能力的有效发挥。

阿敏生完孩子半年后重回职场，迫不及待地想大干一场的她，上班第一天就主动请缨，从领导那里领取了一个比较艰巨的任务。可令她没想到的是，在她不在的这半年里，公司业务板块发生了比较大的重构，导致她如今做起项目来非常吃力。一周后，阿敏勉强交付了项目，却遭到了领导的全盘否定。受此打击，阿敏认为自己是一孕傻三年，可能无法适应职场工作了。接下来的一个月里，阿敏在工作中又出现了几次失误，后来她干脆辞职做了全职妈妈。

阿敏重回职场却铩羽而归的主要原因，就是自我效能感低，她对自己离开职场半年后所具备的能力，没有一个清晰的预判，因而选择了一个超出自己能力范围的任务。出现失败的结果后，她也没积极寻找原因，却认为自己能力不行，干脆选择了放弃。

可见，自我效能感的高低，直接影响一个人做事情的成败。我们可以尝试提高自己的效能感，从而提升做事情的成功率。

1. 设定阶段目标

我们可以给自己先设定一个容易实现的小目标。比如我们天天喊着减肥，却只是空喊口号而没有具体的行动，这样我们的效能感就会逐渐下降。我们可以先设定一个容易完成的小目标，比如先报个减肥班，按照教练的要求和建议，控制饮食、加强锻炼。坚持一周后，体重可能会有所下降，体验到成功的喜悦，有助于自我效能感的提升。

2. 寻求榜样的力量

我们可以给自己寻找榜样的力量。比如，我们参加了一个写作培训班，看到有个年龄大、学历低的学员，却在写作上取得了不菲的成绩，通过写作实现了财务自由，这样的榜样就会对自己产生积极的影响，认为自己如果努力的话，肯定也会取得好成绩，这样的话，自我效能感就得到了提升。

在生活和工作中，总有一些事情是我们所擅长的，我们要学会鼓励和赞美自己，要充分了解自己的能力所在，选择适合自己的道路，让自己的能力得到有效发挥。

习得性无助：我父亲没见过摔飞机

波比应征机场塔台的工作，他过关斩将，终于到了最后的口试阶段。

考官问："有一架准备降落的飞机，你发现飞机起落架没有放，你应该怎么办？"

波比回答："我会立刻用无线电警告他。"

考官问："如果他没有理会呢？"

波比回答："我会用信号灯给飞行员发送信号。"

考官又问："如果飞机还是继续降落怎么办？"

波比考虑了一会儿说："我会立即打电话给我父亲。"

考官说："你父亲也在信号塔台工作？他有相关的经验吗？"

波比回答："不是的，我父亲没见过摔飞机。"

🎙 趣味点评

考官不停地给波比制造问题和障碍，波比觉得自己没有能力解决考官提出的问题后，他就坐等失败结果的发生，而不是积极地想办法排除障碍，他的这种心理状态和行为就是"习得性无助"。

心理学解读

"习得性无助"是指一个人经历了失败和挫折后，面对问题时产生的无能为力的心理状态和行为。"习得性无助"的概念，是由美国心理学家赛利格曼提出来的。

赛利格曼做了一个经典实验：他把狗关在笼子里，只要蜂音器一响，就对狗进行电击，反复进行了很多次，狗非常痛苦。后来，再对狗进行电击前，先把笼门打开，这时狗不但没有逃跑，而是听到蜂音器的响声后，不等电击出现，就倒在地开始呻吟和颤抖。这种本来可以主动逃避却绝望地等待痛苦来临的行为，就是习得性无助。

随后，心理学家证明这种现象在人类身上也会发生。如果一个人觉察到自己的行为不可能达到特定的目标，或没有成功的可能性时，就会产生一种无能为力或自暴自弃的心理状态。当然，人是高级动物，具有主观能动性，能够对客观环境和主体因素进行分析，对自己行为失败的结果进行归因。当一个人将不可控的消极事件或失败结果，归因于自身能力不足的时候，他就会出现无助、抑郁的状态，自我评价就会降低，也就会因此而产生无助感。

那么，是什么造成了这种绝望的无助感呢？具体的原因表现在以下几个方面。

1.行为无效与外界负面提醒

长期行为无效产生的挫败感，和外界负面提醒信息的消极影响，是产生习得性无助的一个原因。在心理学中，习得性无助的关联词是抑郁和消沉。人们的无助和挫败不是与生俱来的，而是在后天成长过程中，经由心灵偏差认知和外界负面提醒，逐渐"学习"得来的。比如，在青少年时期，如果一个人在学业上付诸全部精力，却没有取得理想成绩，这就会令他对自己的智力产生怀疑，加上周围人对其的负面评价，诸如"你简直太笨了！""你看看隔壁家的孩子，真是给父母长脸！"……渐渐地，他可能就会对人生失去积极预期。

2. 偏差认知

对外界事物的偏差认知，容易衍生习得性无助。人的心理模式的形成，都是个体根据过往经历衍化形成的。比如，一个在校的大学生，得知刚毕业的学长在职场中常常被领导责骂、被同事排挤，想到自己即将到来的职业生涯，可能就会产生深深的恐惧感。当他真正走入职场后，因为担心自己像学长一样，受到领导责骂和同事排挤，工作起来可能就会缩手缩脚，却忽略了提升能力以更好地适应职场生活。

3. 不良的归因方式

习得性无助的产生，主要来源于一个人的归因方式。当个体认定造成失败结果的原因是内在的、不可控制时，就容易感到内疚、沮丧和自卑。比如，一个人恋爱失败了，他如果把失败的原因，归因于自己长得不好看、性格沉闷、工作能力不好等因素，他可能就会一蹶不振，认为此生都不会找到对象了。相反，如果他能把失恋的结果，归因于对方和自己三观不同、缘分未到、对方并不是那个和自己相伴终生的人等外在因素，他可能就会继续追求属于自己的幸福。

了解了形成习得性无助的主要原因，我们就要有针对性地矫正自己的心理和行为，尽量避免习得性无助现象的发生。比如，我们可以多接触正能量人群，让积极的情绪带动自己活跃起来；我们可以提高自己的认知程度，建立正确的价值观念；我们可以通过学习发掘自我内在的信仰，建立正确的自我接纳模式。不要急着对自己的某次失败下定论，尽量为自己争取"再来一次"的机会；我们不要过分放大失败后的负面情绪，而是要尝试为自己制定短期目标，并在目标实现后，给自己适当奖励。

我们要相信，命运从来都不会辜负拼尽全力的人，暂时的失败，往往是摘取成功桂冠的垫脚石。从失败中吸取教训，坚持走下去，生活必然会给我们公平的答案。

自我妨碍：天哪，你又说胡话了

贝森得了不治之症，他给妻子交代后事："隔壁的邻居借了我一千块钱还没有还，你记得把钱要回来。"

妻子哭泣着回答："亲爱的，我知道了。"

贝森又说："我借了劳尔两千块钱还没有还，你要把钱还给他。"

妻子惊叫了一声："天哪，亲爱的，你又说胡话了！"

🎤 趣味点评

妻子不想把丈夫欠劳尔的钱还上，她就认为重病的丈夫在说胡话，妻子的这种行为，就是在为不还钱找借口，这就是一种"自我妨碍"的行为。

🏯 心理学解读

"自我妨碍"又称"自我设阻"，是指个体为了回避或降低因不佳表现所带来的负面影响，而采取的任何能够增大将失败原因外化机会的行动和选择。

我们可能有过这样的经历：大考来临或者重要比赛之前，我们往往疏于训练，做一些与考试和比赛无关的事情。明明经过认真的复习和准备，就可能取得比较好的成绩，我们为什么要给自己铺设障碍，阻止自己取得比较好的结果呢？其实，这就是自我妨碍的体现。简单地说，自我妨碍行为，就是为失败找借口——我没有取得好成绩，那只是因为我没努力而已。为了避免将失败归结为自身原因，很多人会故意制造通向成功的外部障碍，以便在失败后保护自尊，获得心理慰藉。

心理学家曾做过一个药丸测试实验：他选择一些大学生作为被试者，通过猜测答出了一些智力难题。然后这些大学生被告知："你是目前为止的最高分！"当被试者还在为自己的幸运感到难以置信时，实验者拿出两枚药丸，对被试者说："你必须服用其中一枚药丸，才能进行接下来的测验。一种药丸有助于增强你的智力活动，另一种则会干扰你的智力活动。你会选择哪一枚药丸？"测验结果显示，大多数人会选择第二种，以便为可能出现的糟糕成绩准备借口。

对于自我妨碍的动机，学术界主要有下面两种解释理论。

第一，自尊保护策略。这种理论认为，自我妨碍行为的基本动机就是保护自我价值、保护自尊、维护自我形象，为此，个体会努力避免可能的失败或者改变失败的含义。

第二，自我呈现的印象管理策略。这种理论认为，个体对自己在公众面前形象的关心超过对自己实际能力的关心，自我妨碍行为主要是一种保护和提高社会尊严的印象管理策略。

对自我妨碍行为的研究表明，目前至少有以下三种情境，与个体是否使用自我妨碍策略有关。

1. 任务表现情境

当情境能够引起他人的评价，这就增加了个体自我呈现和保护自尊的动机，个体为了给他人留下一个好的印象，就会尝试使用一些策略来影响他人的知觉。也就是说，公开场合比私人场合更易于引发自我妨碍行为。

2.个体对任务结果重要性的认知

不同的任务，个体对其重要性的认知也不同。如果个体认为表现任务不重要，可能就不太注意表现的后果；如果个体认为表现任务很重要，害怕失败会影响自我概念，就有可能采取自我妨碍行为。

3.任务结果和任务性质的反馈

个体对未来结果和性质的不确定性反馈，会导致个体表现出消极的行为反应。

自我妨碍实际上是一种自我保护行为。但是从长远的角度来看，习惯性的自我妨碍是一种不良的行为模式。由于害怕失败，担心自己的形象会受到损害，我们往往会自我设限。

要明白，在通往成功的路上，只有当我们强大了，我们的良好形象才会随之建立起来。所以，在通往成功的道路上，一定要克服自我妨碍给自身发展带来的消极影响。

拱道效应：哈佛毕业的出租车司机

摩根从哈佛大学毕业了，参加完毕业典礼，他走出校门兴冲冲地拦了一辆出租车。

出租车司机跟摩根打招呼："嗨，老兄，遇到了什么高兴的事情？"

摩根踌躇满志地回答："我今天从哈佛毕业了，我的人生将开始一个新篇章！"

司机说："很高兴认识你，我也是哈佛毕业的。"

🎤 趣味点评

哈佛学校的毕业生，也可能从事开出租车的工作。很多时候，名校只是个"拱道"，学生以优秀的成绩走进去，再以优秀的成绩毕业，都源于他们自身的努力，和名校这个"拱道"并没有多大的关系。

🏛 心理学解读

在管理心理学中，人们把经过"拱道"而产生积极心理反应的现象，称之为"拱道效应"。拱道效应是由英国心理学家德·波诺首先提出来的。德·波诺在分析教育是否在传授思维技能时指出：学校犹如一个拱道，名牌学校就会产生积极的拱道效应。

简单地说，就是优秀的学生走进拱道，又从拱道走出来，拱道除了供他们通过外，根本没起到任何实际的作用。也就是说，名牌学校造就的优秀毕业生，可能并不是因为学校教学有多出色，而是因为学校的名声招收到了优秀的生源。

这种奇妙的拱道效应是怎样发生的？又是在什么情况下发生的？一般认为，拱道效应产生有如下几种原因。

1. 学校声誉作用

名牌学校让学生、教师都产生了一种自豪感，让他们的自尊需要得到了满足，于是，他们就会更加努力上进。名牌学校的学生都是竞争中的胜利者，他们往往会在愉快的心情中学习，学习比较自觉、主动，在这种氛围中，拱道效应就十分明显；相反，普通学校的学生则是另外一种情况。他们可能会认为自己就读的学校不太好，对前途没有信心，从而自暴自弃，在这种情况下，就很难产生积极的拱道效应。

2. 优秀生源作用

名牌学校招生，多数是优等生，在拱道的影响下产生了自我激励的作用，因而产生了拱道效应。

3. 拱道染缸作用

名校的学生不全都是优等生，也有一些相对较差的学生，他们进入名校后，自尊心得到了满足，也增强了自我肯定感，长此以往，他们就会在名校的"染缸"中，变得优秀起来。

从某种意义上说，是否会成为一个优秀的人，很大程度上，并不取决于他是否就读于名校，而取决于他对学习的态度。

比如，有的学生考入名校后，由于自满心理作祟，他可能松懈下来，放松对自己的要求，得过且过，没有学到相应的知识和技能，最终只能碌碌无为；而另外一些学生，虽然进入普通学校读书，但是他们突然意识到学习对自己的重要性，可能就会努力上进，最终成为一个优秀的人。

拱道效应带给我们的启示是：考上名校可能使我们更容易成功，但是，如果放弃了继续努力的动力，结果也可能面临失败，惨遭淘汰。即使与名校无缘，我们也不要悲观地认为自己彻底失去了成功的机会，只要没有失去奋斗的力量和勇气，我们可能比名校毕业生更优秀。

酝酿效应：泡在浴缸里找答案

儿子正在做作业，有一道题不会做，就去请教爸爸。

爸爸正在草坪除草，他教导儿子说："遇到困难要想办法克服，比如，有个科学家叫阿基米德，他遇到了一个很大的问题，但他没有被困难吓到，后来他泡在浴缸洗澡的时候，想到了解决问题的好办法……"

爸爸除草回来，发现儿子正泡在浴缸里玩耍，于是生气地冲他喊："作业做完了吗?"

儿子委屈地回答说："我泡在浴缸里，就是为了找到那道难题的答案啊!"

🎙 趣味点评

爸爸给儿子讲阿基米德的故事，是想教导儿子遇到问题后，要善于思考，从而找到解决问题的办法。儿子泡在浴缸里玩耍，从某种意义上说，也可以把他的行为理解为"酝酿效应"——遇到难题，经过暂时休息，让思路重新出发，可能就会找到解决问题的办法。

🏛 心理学解读

很多时候，学习者解决一个复杂的或者需要创造性思考的问题时，无论多么努力，依旧无法解决问题。这时候，暂时停止对问题的积极探索，可能就会对问题解决起到关键作用，这种暂停就是"酝酿效应"。

酝酿效应来自阿基米德对浮力定律的发现。在古希腊，国王让人做了一顶纯金的王冠，做好的王冠和当初交给金匠的金子一样重，可是国王还是怀疑工匠在王冠中掺了银子。国王想知道金匠是否作假了，他把这个难题交给了阿基米德。阿基米德为了解决这个问题冥思苦想，他尝试了很多办法都失败了。阿基米德决定暂时抛开难题，好好洗个澡。当他坐进澡盆里看到水往外溢时，他感觉身体被轻轻地托起，于是灵光一闪，想到了用浮力原理解决问题的办法。后来，阿基米德发现浮力定律的过程，就成了酝酿效应的经典故事。

1971 年，美国心理学家西尔维拉做了一个实验，真实再现了酝酿效应的现象。实验者让 3 组智力、年龄、性别相似的被试者，用 30 分钟思考同一件事。实验者要求第 1 组中间不休息，一直处于思考状态；第 2 组先用 15 分钟思考，然后休息 30 分钟，最后再思考 15 分钟；第 3 组先用 15 分钟思考，然后休息 4 个小时，最后用 15 分钟思考。最终，第 1 组有 55% 的人解决了问题，第 2 组有 64% 的人解决了问题，第 3 组有 85% 的人解决了问题。

西尔维拉通过这个实验得出结论：第 1 组是用一种思维在思考问题，而第 2 和 3 组并没有按之前的思路思考问题，而是休息后重新出发。这也说明了，一味地努力并不能高效地解决问题，反而是先把问题放一放，休息一下后再思考会更清醒，从而能从更多维度上思考并解决问题。

酝酿效应倡导的生活方式，是让人们暂时放下难题，放松自我，但这种放松并不是消极怠工，而是要让休息成就更好的出发和结果。酝酿效应的实质是跳出固化思维的怪圈，采取新的步骤、新的思维路径、新的问题切入点，从而使问题更容易被解决。

运用酝酿效应时，要注意以下几个问题：要明确酝酿效应并非彻底地放飞自我，而是充分休息，以轻松的状态重新出发；把难题暂时放到一边不是搁置起来不去解决；抛开难题去做另一件事时，可能会在不经意间找到问题的答案。

刻意地追求，可能求而不得，放松后反而会带来意外的惊喜。这就好比"有心栽花花不开，无心插柳柳成荫。"咬住硬骨头不松口，是一种坚韧和执着，而懂得以退为进，更是一种策略和智慧。

桑代克试误说：大象跳进了游泳池

马克尔应聘动物管理员，动物园园长对他说："你有办法让大象先摇摇头，再点点头，然后跳进游泳池吗？"

马克尔说："当然可以！"

马克尔走到大象跟前说："你认识我吗？"

大象摇了摇头。

马克尔又问大象："你脾气大吗？"

大象点了点头。

马克尔拿出一个锥子扎了一下大象的屁股，大象疼得跳进了游泳池。

动物园园长摇了摇头："你没有同情心，你不能当动物管理员。"

马克尔要求园长再给他一次机会，园长说："可以，还是那三个条件，但是你不能伤害大象。"

马克尔走到大象面前说："你脾气还大吗？"

大象摇摇头。

马克尔又问："你现在认识我了吗？"

大象点了点头。

马克尔说："那你现在知道该怎么办了吧？"

大象一听，转身跳进了游泳池。

🎙 趣味点评

马克尔和大象第一次沟通时，大象受到了屁股被锥子刺痛的惩罚。马克尔和大象第二次沟通时，大象为了免于受到惩罚，就修正了自己的行为。心理学家认为，动物的基本学习方式是试误学习，人类学习过程也是如此，都是在不断修正错误行为，强化正确行为。

🏛 心理学解读

美国著名教育心理学家桑代克认为：动物的基本学习方式是试误学习，人类的学习方式可能要复杂一些，但本质是一致的，这就是"桑代克试误说"。

桑代克曾做过许多有关动物学习的实验，用以解释学习的实质与机制。其中，让饿猫逃出"问题箱"是他的经典实验之一：在桑代克用木条钉成的箱子里，有一个能打开门的脚踏板。当门开启后，猫就可以逃出箱子，并且会得到小鱼干的奖励。实验刚开始，饿猫进入箱子后，只是无目的地四处乱撞，后来偶然碰到脚踏板，饿猫打开箱门，逃出箱子，得到了食物。桑代克第二次再把饿猫关在箱子中，然后让猫再逃出箱子。如此多次重复，到后来，猫进入箱子后，立即就能打开箱门。

这个实验表明，猫的操作水平都是相对缓慢地、逐渐地和连续不断地改进的。桑代克因此得出了一个重要的结论：猫的学习是经过多次的试误，由刺激情境与正确反应之间形成的联结所构成的。

桑代克据此认为，学习的实质就是有机体形成"刺激"与"反应"之间的联结。他明确地指出"学习即联结，心即是一个人的联结系统。"桑代克还认为学习的过程是一种渐进的尝试错误的过程，在此过程中，无关的错误反应逐渐减少，最终形成正确的反应。

桑代克试图从动物学习研究中，揭示普遍适用于动物和人类学习的规律。根据实验的结果，桑代克提出了众多的学习律，其中桑代克认为试误学习成功的条件主要有以下三个。

1. 练习规律

学习要经过反复的练习才有效果。

2. 准备规律

这个规律包括三个组成部分：当一个传导单位准备好传导时，传导而不受任何干扰，就会引起满意之感；当一个传导单位准备好传导时，不得传导就会引起烦恼之感；当一个传导单位未准备传导时，强行传导就会引起烦恼之感；此准备，不是指学习前的知识准备或成熟方面的准备，而是指学习者在学习开始时的预备定式，简单地说，就是联结的增强和削弱取决于学习者的心理调节和心理准备。

3. 效果规律

凡是在一定的情境内引起满意之感的动作，就会和那一情境发生联系，其结果是当这种情境再现时，这一动作就会比以前更易于重现；反之，凡是在一定的情境内引起不适之感的动作，就会与那一情境发生分裂，其结果是当这种情境再现时，这一动作就会比以前更难于再现。也就是说，当建立了联结时，产生满意效果的联结会得到加强，而带来烦恼后果的行为则会被削弱或淘汰。

成功者往往都是在错误和失败中成长起来的。爱迪生在发明灯泡的过程中曾经历了很多次失败，他用了一千多种材料做试验，在六千次错误试验的基础上，终于发明了对人类有重大意义的电灯泡。

所以说，很多时候，遭遇错误和失败并不一定就是坏事，而是我们学习过程中必不可少的催化剂。在成长的路上，只有不断试错，我们才会找到那条对的路。

邮票效应：你是网上下载的

儿子问妈妈："妈妈，幼儿园的小朋友说，她是妈妈从河里捞出来的，那我是从哪里来的？"

妈妈想了一会儿，说："宝贝儿，你是从网上下载的。"

儿子又问："可是咱家还没有 WiFi 啊？"

妈妈不耐烦地说："你是我用隔壁叔叔家的网络下载的。"

🎙 趣味点评

妈妈的解释虽然不是正确答案，但是小孩比较容易接受这种解释，把小孩较难理解的"生育问题"，落实到"下载"这个具体的日常现象，就是一种"邮票效应"的体现。

🏛 心理学解读

"邮票效应"是指如果研究的课题能够与某种具体事物、活动和情景相联系，推论出来的准确性就会大为提高。推理的材料具体，推理就比较容易；而对于抽象材料，推理则比较困难。

邮票效应源于二十世纪后期进行的两个心理学实验。1972 年，有心理学家曾经做过这样一个实验：让一批人扮演邮局的拣信员，在他们面前摆上几个贴了 50 里拉和 40 里拉面值邮票的信封，有的封了口，有的没有。并告诉他们"如果信封封了，则它上面应贴有 50 里拉的邮票"

这一规定。那么，他们"应该翻看哪几个信封"才能实现这个命题呢？结果发现，24个被测试者中有21人做了正确的选择，即翻看了那个封了口的信封和贴有40里拉邮票的信封。

后来，一位叫沃森的科学家进行实验时变更了材料，他把印有符号的四张卡片摆在参加实验者的面前。之后告诉他们，每张卡片的正面印有英文字母，背面印有数字，要求他们从这四张卡片推论出"如果一张卡片的正面印有一个元音字母，则在背面印有一个偶数"这个命题是否有效。参加实验者的任务是"为判定这个命题是否有效，为此他应该翻看哪几张卡片"。结果发现，只有4%的被试者翻看了E和7，这是正确的选择，因为E的背面出现奇数，7的背面出现元音就会使这一命题失效。

这次实验中，参加实验的人选择正确率为4%，远远低于邮票实验87.5%的正确率。这说明，与人的某种具体活动情景相联系的课题，其推论的正确性就会大为提高。

唐朝宰相李德裕镇守浙右时，发生了一件案子：甘露寺的和尚，控告前任主事贪污财物。原告和尚说，主事交接时都有文件，这个主事初任时交接也是如此，可是他卸任时黄金却不见了，于是，大家认定是他私吞了黄金。经过审讯定罪，几乎已经结案，可李德裕却认为这个案子疑点很多，便去审问被控告的前任主事。前任主事诉冤说，历届交接都是空交文书，不盘查实物，其实根本没有黄金，那些和尚拿黄金说事，就是为了陷害他。李德裕认真分析后，他把几届前任主事和尚请来，把他们单独分隔开，让他们各自用黄泥捏成他们交接时的黄金模型。结果，几届前任主事和尚捏出的黄金模型千奇百怪，根本就没有相似的地方。

李德裕由此断定，历次交接只对证账面，并未实际查库。李德裕把难以弄明白的问题落到"黄金模型"这个具体的材料上，让主事和尚的冤屈得到了昭雪。

　　由此可见，如果我们能把生活中的很多问题落到具体的实处，难题可能就会迎刃而解。

月曜效应：还没缓过劲儿来

每到周一上班，小王就显得萎靡不振，同事关切地问他："看起来你好像没精神，是不是患上了假期综合征？"

小王打了个哈欠说："是啊，春节长假过去半年了，我可能还没有缓过劲儿来。"

🎙️ **趣味点评**

小王在周一表现出来萎靡不振的工作状态，就是"月曜效应"的体现。

🗼 **心理学解读**

生活中常见这样的现象：星期一上课时，不少孩子表现出精神疲惫、注意力分散的状态。心理学家的解释是：双休日中，孩子在心理上开始自我放松，原来紧张有序的学习生活状态被打乱。到了星期一，孩子的心理状态和生物钟还没有及时调整过来，所以出现了注意力分散、记忆力差、纪律散漫等现象。在古代，人们把星期一叫作"月曜"，由此心理学家将这种现象称为"月曜效应"。

老师也可能出现月曜效应，尤其是小长假或者寒暑假过后，老师的身心和生活状态经过一个假期的放松后，也不太容易适应紧张有序的教学生活，由此便会出现厌倦涣散的精神状态。

月曜效应在职场的体现也比较明显。职场人经过节假日的休息放松后，心理状态和身体状态往往都难于切换到正常的工作频道，因而会表现出疲惫焦虑的现象。明白了"假期综合征"背后的心理原因，我们就要有针对性地，通过相应的策略，调整"月曜效应"。

首先，我们要正确认识到月曜效应是正常的心理现象，不要给自己带来更多精神上的困惑。比如，对于一个比较严谨的人来说，他平时对自己的要求比较高，当他的工作状态不是很理想时，他可能会进行自我否定，认为自己没有能力调整好精神状态。这种自我否定没有任何实际意义，反而可能会让自己陷入更焦灼的状态中。

其次，要把模糊化为具体。我们可以通过具体的操作，改变无精打采甚至是焦虑的状态。比如，我们可以从最简单的事情、最需要做的事情、最喜欢做的事情做起，循序渐进，逐步进入正常的工作状态；对于学校和老师，不要在周一早上给学生过多的课业，可以适当地放慢学生学习的节奏。比如进行大扫除、给学生提供体育课等副课程。

最后，要提前为进入正常学习工作状态做准备。对于家长来说，在周日晚上，就要把孩子的生活作息调整到正常水平，比如不要睡得太晚，也不要做太多剧烈的刺激游戏等；对于我们成年人来说，这种生活事件的转换也是非常需要的。比如，避免在周日晚上狂欢熬夜，最好是翻翻书、看看报，或者为周一的工作做一些具体的准备，比如整理材料、制作工作计划等。

自我选择效应：送你一辆劳斯莱斯

三个男人入狱了。监狱长对他们说："你们每个人可以提一个要求。"

美国人要雪茄，法国人要一个美丽的女子相伴，犹太人要一部与外界沟通的电话。

三年过后，美国人嘴里塞满雪茄跑了出来，边跑边喊："给我火，给我火！"原来他忘了要火了。

法国人一手抱着一个小孩子，一手牵着女子走出来，女子的肚子里还怀着孩子。

最后出来的是犹太人，他握住监狱长的手说："这三年来我每天与外界联系，我的生意越做越好了，为了表示感谢，我送你一辆劳斯莱斯！"

🎙️趣味点评

三个男人入狱后，在监狱长让他们提要求时，他们选择了不同的要求，最终产生了不同的结果。做了什么样的决定，多年后就会过上什么样的生活，这就是"自我选择效应"。

心理学解读

"自我选择效应"，指的是一个人一旦选择了某一条人生之路，那么他就会存在沿着这条路一直走下去的惯性，并且他在走下去的过程中会更加强化自我之前的决定。

自我选择效应告诉我们：当初做了什么样的决定，将来就会过上什么样的生活，当前的生活状态是多年以前自己所选择的，这就是自我选择效应的本质。

比如，读书的时候，如果选择了得过且过混日子，那多年后，我们就可能因为没有学到相关的知识和技能，而无法从事医生、律师这些对专业知识要求比较高的职业；如果读书时，我们就决定将来要做医生或者律师，并且为之付出了相应的努力，那么多年后，我们可能就真的会实现梦想，从事自己喜欢的工作。

自我选择效应概念里面包含了两个特征：路径依赖和自我强化。

1. 路径依赖

指的是一个人一旦进入某一路径，就可能对这种路径产生依赖。对于一个从事某行业多年的资深人士来说，如果让他转行，他可能就要权衡转行付出的成本和可能得到的收益之间的关系，要考虑清楚自己转行是否值得，那么，他的路径依赖就比较强烈；相反，对于一个职场新人来说，如果他对所从事的行业不太满意，他可以随时辞职离开，另觅其他行业，因为相对来说，路径依赖对他的作用没有那么强烈。

2. 自我强化

指的是当一个人选择了某条路线以后，在沿着这条路线走下去的过程中，他会强化自己当初的决定，根据强化原理安排自己的活动和生活，一步一步往前走，直到完成最终目标。

比如，一个人选择从事化妆品销售的工作，那么她就要先了解化妆品的基本成分和功效，熟悉了解受众人群，学习相关销售知识，经过一番实践摸索，最终可能就会成为比较称职的化妆品销售员。一个人在进行判断和决策的时候，只有在多种可供选择的方案中决定取舍，才能避免陷入"霍布森选择效应"的误区。

1631 年，英国剑桥商人霍布森贩马时，把马匹放出来供顾客挑选，但他附加一个条件，即只许挑选最靠近门边的那匹马。显然，加上这个条件后就等于不让挑选。后人将这种无选择余地的"选择"讥讽为"霍布森选择效应"。

如果陷入"霍布森选择效应"的困境，就可能无法进行创造性的学习、生活和工作。因为好与坏、优与劣，都是在对比中发现的，只有拟定出一定数量和质量的可行性方案供对比选择，才能做到合理判断和决策。

摩西奶奶效应：老了也要当总统

里根是美国历史上年龄最大的一位总统，他在公布了自己"已得老年痴呆症，来日无多"后，突然出现在一个共和党竞选的集会上。

里根的宿敌，又就里根的年龄问题发起了攻击。

里根说："就目前而言，我可能不能竞选 1996 年总统了，但这并不排除我参加 2000 年总统竞选的可能性！"

🎙 趣味点评

对一个有追求的人来说，生命的每个时期都是年轻的、及时的。无论到了什么年龄，我们都要相信自己仍然有潜力可挖，不对岁月臣服，一切就皆有可能。

🏛 心理学解读

20 世纪 80 年代，美国新行为主义学者通过对众多"退休村"的调查后发现，不少人到了垂暮之年，才发现自己身上还具备尚未被开发的潜能。摩西奶奶就是其中比较典型的代表人物，她在 75 岁时才开始学画，80 岁时首次举行个人画展，社会心理学家便将这种现象称为"摩西奶奶效应"。

摩西奶奶 100 岁时，收到了一封署名为"春水上行"的来信，来信者说，他是一名外科医生，但他酷爱文学，他的梦想是成为一名作家，他想放弃这份令他厌倦却收入稳定的工作，去从事自己喜欢的写作，可是他已经快 30 岁了，不知道是否来得及。摩西奶奶给"春水上行"回信说："做你喜欢的事，上帝会高兴地帮你打开成功之门，哪怕你已经八十岁了！"。"春水上行"得到摩西奶奶的指点后，辞去医生的工作开始专职写作，他就是如今享誉世界的日本作家渡边淳一。这一切印证了摩西奶奶的想法：人生，从来没有太晚的开始！

生活中，很多人都在给自己"设限"：我想学英语，可是我已经快 30 岁了，记忆力大不如从前了；我的能力就是如此，我无法做得更好了……那么事实是这样吗？

心理学的研究成果告诉我们：普通人的一生，仅仅只能开发自身潜能的百分之零点几，即便爱因斯坦也只不过是开发了 30%。一个人可以挖掘的潜能是非常巨大的。而自我设限这种不良心态，只会给我们的生活带来不利影响，比如容易安于现状、不求上进、遇到困难就打退堂鼓。

一个人只有把潜在的能力激发出来，才有可能突破自己，得到更好的成长。那么，我们该如何激发自己的潜能呢？

1. 要有积极的心态

那些不甘于认输的人，往往更容易取得成功。因为他们的心态促使他们积极进取，而不是一遇到挫折就打退堂鼓。

2. 要不断尝试和突破

尝试和突破是挖掘自身潜力的一种方式。很多人经过很多年后，生活和工作依然没有得到什么改变和进步，往往是因为按部就班，没有做出尝试和突破。

3. 不要安于现状

人一旦安于现状，就容易失去斗志，不愿意去改变自己，就不会去激发自身的潜力，从而埋没了自己的潜能。

有人说："种一棵树最早的时间是十年前，其次是现在。"想做一件事情，什么时候开始都不晚，即使到了垂暮之年，也依然有成功的可能。

叶杜二氏法则：每个人打两枪

二战期间，一名德国军官问瑞士军官："如果开战了，你们国家有多少人可以参战？"

瑞士军官回答说："50万人。"

德国军官威胁说："如果我们派100万人进入你们的国境，你们该怎么办？"

瑞士军官坚定地说："那么，我们每个人打两枪！"

🎤 趣味点评

压力会产生动力，从而促使人们更好地完成目标任务。值得注意的是，压力一定要适度，要在人们所能承受的范围之内。因为压力过大或者过小，对人的行为表现不能起到积极推动的作用。

🗼 心理学解读

心理学家叶克斯与杜德逊认为，压力和业绩是倒U型关系，适度的压力可以让一个人的表现达到顶尖状态，但压力过大或过小都会使效率大大降低，这种现象被称作"叶杜二氏法则"。

研究发现，加班只会在一定程度上提高劳动效率，每周工作40-50小时能使劳动效率最大化，超过这个时间效率会直线下降。也就是说，每个人都有自己的极限，在这个极限内就能做到效率的最大化，超过这个极限，哪怕再努力，学习和工作的效率只会下降。

比如，对于一个自由撰稿人来说，如果连续写作超过 3 小时，写作效率可能就会大大下降，出现注意力无法集中、思路不清晰等不良状态。这与机器运转一段时间后需要整修维护的道理一样，人工作一段时间也需要休息调整，这是人的生理需求。

在毫无压力的情况下，人们通常会变得懒散，这是因为没有巨大的动机推动人们前进。如果规定人们在较短的时间内完成任务，就会有来自“时间限制”的压力，推动人们提高工作效率。把压力控制在一个人所能承受的极限之内，这样就会让他的行为表现渐入佳境。压力过大或过小，都会对一个人的行为表现造成负面影响。

此外，不同的人，对于压力的承受极限是不同的。有些人甚至不需要来自外界的过多压力，就能高效率地完成工作。如果给予这些人太多压力，他们就会感到喘不过气，甚至影响身心健康；而另一些人则能从高压的环境中受益，他们需要身边的人给予一定的压力，才能有内在动机去推动他们前进。

我们要找到自己承受压力的极限，让压力产生推动力，帮助我们取得好的业绩。我们可以尝试做这项练习：将每天要完成的工作列成清单，一天结束后，给自己在这一天下来所感受到的压力值打个分数（1~10 分）。经过几周后，就能借由这项练习观察出自己的压力值与生产力的关联性。

如果我们是需要压力提高效率的人，就要尽可能地给自己一些压力来实现长期目标；如果我们是无法承受过多压力的人，我们起码也要知道自己承压的极限在哪里。这样我们可以适时地让自己放松，不过度接收来自外界的压力，反而能提高工作效率，取得好的业绩。

跨栏定律：应该面对战火

华盛顿与几位客人坐在壁炉边聊天。华盛顿背对着壁炉坐着，壁炉火烧得太旺，他觉得有些热，就转过身，脸朝壁炉坐下了。

一位客人开玩笑说："我的将军，您应该顶住战火才对呀，怎能畏惧战火呢？"

华盛顿笑着回答："您错了。作为将军，我应该面对战火，接受挑战，假如我用后背朝着战火，那不成了临阵脱逃的败将了吗？"

🎙 趣味点评

华盛顿说的"战火"，就如竖在我们面前的跨栏，"接受挑战"就是勇敢地面对困难，跳起来跨过去，就会取得成功。而且困难越大，取得的成功就越大。

🗼 心理学解读

"跨栏定律"也被称为"跨栏定理"，指的是一个人取得成就的大小，往往取决于他所遇到的困难程度。竖在一个人面前的跨栏越高，他就会跳得越高。

跨栏定律是外科医生阿费烈德提出来的。他在解剖尸体时发现了一个奇怪的现象：那些患病器官并不如人们想象得那样糟，相反在与疾病的抗争中，为了抵御病变，它们往往要比正常的器官机能更强。

阿费烈德解剖肾病患者遗体时，他从死者体内取出那只患病的肾，要比正常的大。当他再去分析另外一只肾时，他发现另外一只肾也非常大。他在多年的医学解剖过程中发现，包括心脏、肺等几乎所有人体器官都存在着类似的情况。

阿费烈德为此撰写了一篇颇具影响力的论文。他从医学的角度进行了分析，认为患病器官因为和病毒做斗争而使器官的功能不断增强。并且，假如有两只相同的器官，当其中一只器官出现病变后，另一只器官就会变得强大起来，努力承担起全部的责任。

阿费烈德在给美术学生治病时还发现了一个奇怪现象：这些学艺术的学生视力大都不好，有的甚至还是色盲。阿费烈德觉得这是病理现象在社会现实中的重复，他把自己的思维触角延伸到了广泛的层面。

阿费烈德在对艺术院校教授的调研过程中发现，正如他预测的那样，一些颇有成就的教授之所以会走上艺术道路，原来大都是受了生理缺陷的影响，缺陷没有阻止他们的发展，相反促进了他们取得了很大的成就。

在美国流传着这样一个故事：有位名叫辛蒂的女孩因为患病，忽然丧失了身体内部的免疫功能。她对所有化学物品过敏，只好终生在密封的玻璃房里生活，饮用蒸馏水，吃经过特殊处理的食物，甚至呼吸的空气都是经过净化后才输入到玻璃房中的。

人们都以为辛蒂活得万分痛苦，然而，辛蒂并没有自暴自弃，她通过互联网创办起"环境接触研究网"与"化学伤害资讯网"，向许多被化学污染伤害的人提供帮助。

阿费烈德的"跨栏定律"，能够对生活中的很多现象给出科学解释。比如盲人的听觉、触觉和嗅觉比一般人都更为灵敏；双臂缺失者具有更强的平衡感，双脚也更为灵巧……所有种种，好像都是上帝精心安排的，他为我们关上一扇门的同时，就肯定要为我们开一扇窗。

人的一生，难免会遭遇挫折，经受痛苦，跨栏定律告诉我们：你能取得多大的成就，通常取决于你遇到多大的困难！